生きもの
びっくり
生態図鑑

著 リン・ハギンズ＝クーパー
訳 宮田攝子

日本語版監修
海野和男（ネイチャーフォトグラファー）
川田伸一郎（国立科学博物館動物研究部）
篠原現人（国立科学博物館動物研究部）
西海功（国立科学博物館動物研究部）

もくじ

あちこちで もぞもぞ

いろんな生きものが、熱帯雨林《ねったいうりん》から乾燥《かんそう》した砂漠《さばく》、草原、公園、わたしたちの家の近くなど、あらゆる場所で、もぞもぞと動きまわっています。ほら、あなたのあしもとでも……!

▲ウェタは、はねのない巨大《きょだい》なコロギスで、ニュージーランドとその沖合《おきあ》いの島々に分布《ぶんぷ》する。

いろんな種類《しゅるい》の生きものたち

もぞもぞと動く生きもので、わたしたちがふだんもっともよく目にするのは、昆虫《こんちゅう》です。トンボやカブトムシ、ハチ、アリなどの昆虫《こんちゅう》はみんな、体が3つの部分にわかれ、6本のあしをもっています。世界には100万種《しゅ》以上の昆虫《こんちゅう》がいて、地面をはいまわったり、空をとんだりしています。昆虫《こんちゅう》のほかにも、地上ではクモがうごめき、海のなかではカニやエビなどの甲殻類《こうかくるい》が歩いています。

ぶきみだけど……

ぶきみな虫をこわがる人はおおぜいいますが、じつにふしぎな生きものなので、ぜひ目をこらしてみてみましょう。人間がとてもすめないような、きびしい環境《かんきょう》でも生きていける、強い生命力をもっています。

◀現在《げんざい》、地球上に生きている生物の75%以上が昆虫《こんちゅう》たといわれている。

巨大《きょだい》な先祖《せんぞ》

昆虫《こんちゅう》には、巨大《きょだい》ななかまがいろいろいます。オバケナナフシは、人間の手首からひじぐらいまでの長さがあり、オオツノハナムグリのなかまは、大きな板チョコぐらいの体重があります。それでも、現在《げんざい》の生きものたちは、大むかしに生きていたものにくらべるとずいぶん小型《こがた》です。3億9000万年ほど前には、2.5mもあるサソリが海をおよぎ、体長3mの巨大《きょだい》ムカデが森をはいまわっていました。

▼オオツノハナムグリのなかまは、世界でもっとも大きく重い昆《こん》虫《ちゅう》だろう。幼虫《ようちゅう》はかれた植物を土にもどす「自然界《しぜんかい》のそうじ屋」だ。

かっこいい魚たち

暗い深海から、にごった川底《かわぞこ》まで、世界じゅうあらゆるところに、世にもきみょうな魚たちがすんでいます。現在《げんざい》、すくなくとも2万8000種《しゅ》の魚がいることが確認《かくにん》され、新種《しんしゅ》も毎年発見されています。

▲魚の多くは保護《ほご》されている。水族館では、魚を川や海でつかまえることよりも、飼育《しいく》して繁殖《はんしょく》させることをたいせつにしている。

▼ホオジロザメは“人食いザメ”としてきらわれ、そのために駆除《くじょ》されている。

絶滅《ぜつめつ》が心配

2007年に国際自然保護連合《こくさいしぜんほごれんごう》（IUCN）は、1201種《しゅ》の魚が絶滅《ぜつめつ》の危機《きき》にあると発表しました。そのなかには、タイセイヨウマダラやホオジロザメなどがふくまれています。魚たちが絶《ぜつ》滅《めつ》の危機《きき》にひんしている原因《げんいん》として、乱獲《らんかく》されていること、川や海の汚染《おせん》により魚たちの生息地が破壊《はかい》されつつあること、たくさんの熱帯魚《ねったいぎょ》がつかまえられ、ペットとして売られていることがあげられます。

▲ジンベエザメは、世界最大級《せかいさいだいきゅう》の魚で、全長が14mになることもあり、ふつうのスクールバスよりも大きい。

魚たちをまもろう

池や湖、川、海には、じつにさまざまな生きものがいます。体があやしくひかる深海魚、カムフラージュのうまい魚、猛毒《もうどく》をもつ魚、ほかの魚の血をすう吸血魚《きゅうけつぎょ》など、世界には、ぎょっとするような魚たちがたくさんいます。こうした魚はどれも保護《ほご》すべき、たいせつな生きものです。

空とぶ、ゆかいな生きものたち

自然界《しぜんかい》には、おもしろい鳥がたくさんいます。とても小さなハチドリやミソサザイから、大型《おおがた》の猛禽類《もうきんるい》まで、体の大きさも形もさまざまです。空をとぶのは、鳥だけではありません。コウモリや昆虫《こんちゅう》も、空をとびます。この本では、おかしな顔のコウモリたちも紹介《しょうかい》（126〜127ページ）します。

▲多くの鳥は、胃《い》のなかにえさをためて、ひなにはこび、はきもどしてあたえる。

▼ハチドリは空中でとびながら静止《せいし》し、花のみつをなめる。大部分の種《しゅ》は、つばさを1秒間に50回ほど羽ばたかせている。

いろんな形のくちばし

鳥たちは、自然界《しぜんかい》で生きのこるために、かわった特徴《とくちょう》やとくべつな習《しゅう》性《せい》を身につけてきました。たとえばカモは、へらのようなひらたいくちばしで、水中のえさをこしとって食べます。ハチドリは、細長いくちばしを花のおくにさしこんで、みつをなめます。

おどろきの習性《しゅうせい》

鳥たちには、わたしたち人間からみれば、びっくりするような習性《しゅうせい》がたくさんあります。そのひとつは、はきもどしたえさをひなにあたえることです。コウモリにも、すごい習性《しゅうせい》をもつものがいます。たとえばチスイコウモリは、生きている動物の血をすいます。いっぽうオオコウモリのなかまは、人間と同じように、あまくておいしいくだものが大すきです。オオコウモリには、つばさをひろげると1.5mになるものもいます。

▲くだものを食べたあと、鉤爪《かぎづめ》をなめて、きれいにするオオコウモリ。

いろいろな変温動物《へんおん》たち

トカゲやヘビ、ワニは、爬虫類《はちゅうるい》のなかまで、カエルやサンショウウオは、両生類《りょうせいるい》のなかまです。爬虫類《はちゅうるい》も両生類《りょうせいるい》も、外気の気温によって体温がかわる、変温《へんおん》動物です。

▲恐竜《きょうりゅう》のティラノサウルスは、いまのワニと同じようにするどい歯で、えものにかぶりついていた。

むかしといまの爬虫類《はちゅうるい》

恐竜《きょうりゅう》は、いまから何千万年も前に地球上にすんでいた爬虫類《はちゅうるい》です。いまの爬虫類《はちゅうるい》と同じように、体には毛がなく、子どもは卵《たまご》からうまれました。なかには、いまのワニによく似た歯や皮ふをもつものや、ワニと同じくらいの知能《ちのう》をもつものもいたようです。しかし、こうした恐竜《きょうりゅう》は、いまでは絶滅《ぜつめつ》しています。

◀写真のキノボリサンショウウオの１種《しゅ》のように、サンショウウオのなかまには、肺《はい》やえらをもたない種《しゅ》がいる。呼吸《こきゅう》の大半は、皮ふ呼吸《こきゅう》にたよっている。

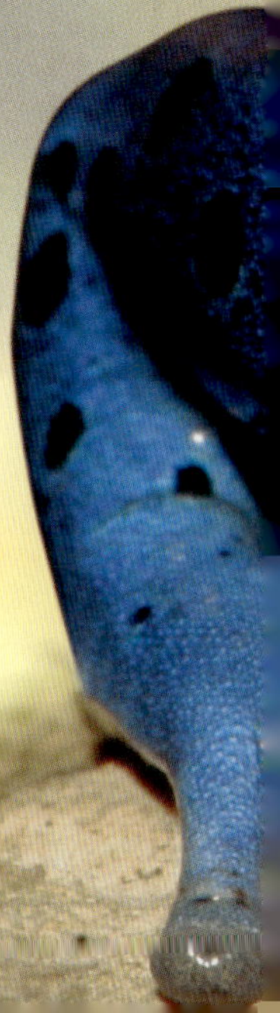

両生類《りょうせいるい》のなかまたち

両生類《りょうせいるい》は、水中と陸上《りくじょう》、どちらの生活にも適応《てきおう》した動物です。皮ふ呼吸《こきゅう》ができますが、ほとんどのものは、おとなになると肺《はい》でも呼吸《こきゅう》するようになります。敵《てき》にであうと、皮ふから毒液《どくえき》をだして、自分の体をまずい味にするものもいます。

◀ヤドクガエルのなかま（→ 63 ページ）は、皮ふから毒液《どくえき》を分泌《ぶんぴつ》する。南アメリカの先住民《せんじゅうみん》は、このカエルをオウムのひなの皮ふにこすりつけ、毒《どく》の作用で、本来とはちがう色の羽毛をはやすという。

ふしぎがいっぱい！動物の世界

自然界《しぜんかい》には、ふしぎな動物がたくさんいます。かわいい顔をしているのに、とても危険《きけん》な動物もいれば、こわそうな顔をしていても、じつはおとなしく、おくびょうなものもいます。動物がとても色あざやかだったり、かわった姿《すがた》をしているのは、自然界《しぜんかい》で生きのびるためなのです。

▲イタチは、気のあらい肉食獣《にくしょくじゅう》だ。ネコのようにきれいな毛並《けな》みをしているが、背中《せなか》をなでたりはできない。

動物はわるくない

動物は、生きていくために、ほかの動物をころして食べます。動物が人間をおそうことがあると、動物がわるいのだと、わたしたちはかんがえます。でも、野生動物はどれも、ときとして危険《きけん》なものです。人間がクマのなわばりにはいると、クマは、ほかの動物になわばりをおびやかされたときと同じように、本能的《ほんのうてき》に人間をおそうことがあります。これは、野生動物ならではの自然《しぜん》な行動であり、動物がわるいのではありません。

◀クマはおどろいたり、身の危険《きけん》をかんじたときや、自分のなわばりや子どもをまもろうとするとき、相手におそいかかる。

▶リーフィーシードラゴン（→89ページ）は魚で、タツノオトシゴのなかま。葉っぱのようにひらひらした皮弁《ひべん》は、水中にただよう海藻《かいそう》のなかにかくれるのに役だつ。

ぬるぬるした
生きものたち

ぬるぬるした生きものをみると、ぞっとするという人はおおぜいいます。でも、ぬめりのもとである粘液《ねんえき》は、多くの生きものにとって、とても役にたつものです。粘液《ねんえき》をつかって、移動《いどう》しやすくしたり、体をすずしく、しめった状態《じょうたい》にたもったり、自分の体や卵《たまご》を敵《てき》からまもったりしているのです。

▲ミミズは粘液《ねんえき》で体をおおい、土のなかをはいやすくする。

粘液《ねんえき》で、はいやすくする

多くの動物は、体を粘液《ねんえき》でおおうことで、地面などの上をはいやすくしたり、土のなかにもぐりやすくしています。あしのない生きもののなかには、粘液《ねんえき》をだして、はう速度をはやめているものもいます。

▼オーストラリアのミズタメガエル（→138ページ）は、雨のふらない時期になると、地中にもぐり、体を粘液《ねんえき》のまくでつつみこんで、乾燥《かんそう》をふせぐ。雨がふると、地中からはいだしてくる。

粘液《ねんえき》のいろんなつかい道

乾燥《かんそう》した、暑い地域《ちいき》にすんでいるカエルのなかには、雨のふらない時期になると、粘液《ねんえき》で体をおおい、体がかわくのをふせぐものがいます。サンショウウオのなかまの多くは、毒《どく》のある粘液《ねんえき》をだして、敵《てき》に食べられないようにします。ヘビやトカゲのなかには、ぬるぬるのだ液《えき》でえものをつつみ、のみこみやすくするものがいます。ほとんどの両生類《りょうせいるい》は、ぬるりとしたゼリー状《じょう》の物質《ぶっしつ》でつつまれた卵《たまご》を水中にうみます。ゼリー状《じょう》の物《ぶっ》質《しつ》は水でふくらみ、卵《たまご》を寒さや病気からまもったり、卵《たまご》が小さな生物に食べられないようにします。

ぬめぬめした魚たち

魚は、表皮の外側《そとがわ》の層《そう》にある細胞《さいぼう》から、粘液《ねんえき》を分泌《ぶんぴつ》します。この粘液《ねんえき》には、魚のうろこに寄生虫《きせいちゅう》がつくのをふせいだり、傷口《きずぐち》を保護《ほご》するはたらきがあります。

▲ブダイのなかま（→120ページ）には、敵《てき》に居場所《いばしょ》をかぎつかれないよう、ねむるときに粘液《ねんえき》のまくで体をつつみこむものがいる。

においで 勝負！

自然界《しぜんかい》には、きょうれつなにおいをだす動物がいますが、このにおいには目的《もくてき》があります。くさいにおいで敵《てき》を遠ざけたり、メスをひきよせたりしているのです。

▲ジムヌラは、よくきく長い鼻で、においをかぎわける。自分のなわばりにほかのなかまがはいってくると、声をだしておいはらう。

ジムヌラ

東南アジアのスマトラ島やボルネオ島、マレー半島の熱帯雨林《ねったいうりん》やマングローブ林にすんでいます。くさったタマネギやニンニクのようなにおいのする液体《えきたい》を体からだして、巣《す》ににおいをつけ、自分のなわばりに近づくなと、ほかのなかまや敵《てき》に警告《けいこく》します。

ヨーロッパケナガイタチ

ヨーロッパや北アフリカの森林地帯《しんりんちたい》にすんでいます。尾《お》のつけ根にある腺《せん》から、いやなにおいのする液体《えきたい》をだし、なわばりをマーキングします。英語《えいご》では、ケナガイタチのにおいのようにいやな人のことを「ポールキャット（ケナガイタチの意味）」とよびます。この種《しゅ》を家畜化《かちくか》したものが、フェレットです。

◀ヨーロッパケナガイタチは、もっぱら夜にえさをとる。するどい嗅覚《きゅうかく》で、ウサギやネズミ、鳥、ヘビ、カエル、魚をさがしだす。

◎麝香（じゃこう）って……？

ジャコウジカの腹部《ふくぶ》にあるジャコウ腺《せん》からえられる香料が麝香《じゃこう》だ。ジャコウウシがだす液体《えきたい》も同じようなにおいがする。このほか、ジャコウネコ、ジャコウネズミ、ジャコウアゲハなども麝香《じゃこう》のにおいの持ち主だ。そして、植物界にも『ジャコウソウ』の名がある。

ジャコウウシ

グリーンランドやカナダ北部など、寒い地方にすんでいます。オスは目の近くにある腺《せん》から、きょうれつなにおいの液体《えきたい》をだし、木に顔をこすりつけて、このにおいをうつします。メスは、遠くからでもこのにおいをかぎとって、オスのもとにやってきます。肉や皮をとるため、狩《か》りの対《たい》象《しょう》とされ、1900年代はじめには絶《ぜつ》滅寸前《めつすんぜん》までおいこまれましたが、いまは法律《ほうりつ》によってまもられています。

▶ジャコウウシの長い毛の下には、細くてやわらかい毛がびっしりとはえている。

まっ暗やみの怪物《かいぶつ》たち

ふかいふかい海には、おどろくほどきみょうな魚たちがすんでいます。おそろしい歯をもつものや、体から光をだして、えものをおびきよせるものがいます。

▲ムネエソのなかまは、夜になると水深50mほどまであがってきて、えさを食べ、夜があける前にふかいところにもどっていく。

ムネエソ

ムネエソのなかまは、大西洋、太平洋、インド洋の水深200mよりふかいところにすんでいます。発光器《はっこうき》がおなか側《がわ》にならび、無数《むすう》の小さな光を下にむかってはなちます。この光をつかって、自分の影をかくしたりしていると思われます。

デメニギス

デメニギスのなかまは、筒《つつ》のような目をもつことから、名前に“デメ（出目）”とついています。大西洋、太平洋、インド洋の水深400 ～ 2500mのところに分布《ぶんぷ》します。ま上をむいた目は、上のほうのかすかに明るい水中をおよぐ敵《てき》の影をみつけられます。

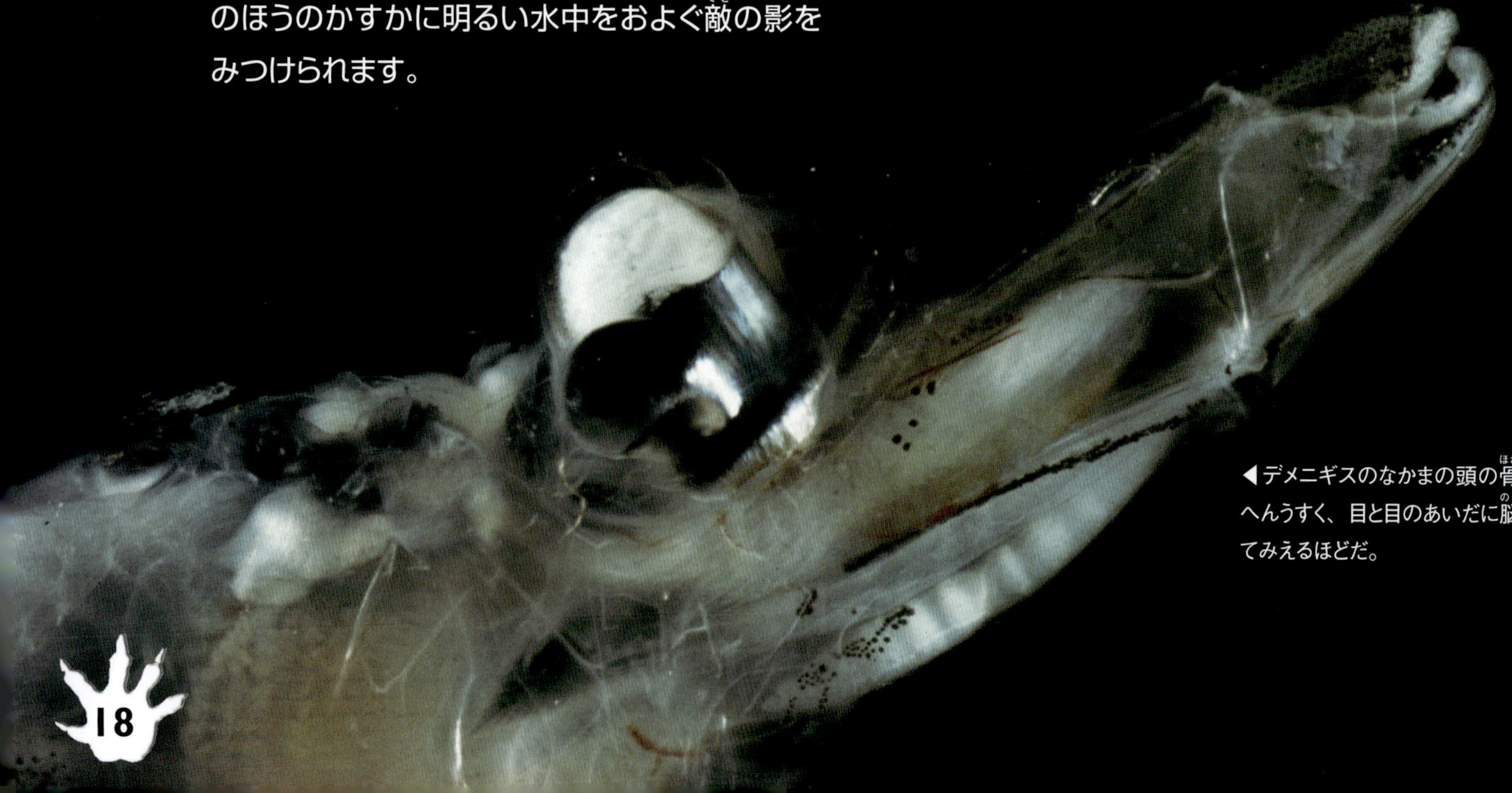

◀デメニギスのなかまの頭の骨《ほね》はたいへんうすく、目と目のあいだに脳《のう》がすけてみえるほどだ。

▶写真のワニトカゲギスのなかまは、体長およそ15cmと体は小さいが、どうもうな肉食魚だ。

ワニトカゲギス

ワニトカゲギスのなかまは、熱帯地方《ねったいちほう》の水深1500mよりもあさい海に分布《ぶんぷ》します。メスは下あごに長いひげをもち、このひげを前後にゆらしながら、えものをおびきよせます。あごひげの先にある発光器《はっこうき》でちかちかと光を点滅《てんめつ》させ、えものが近づいてくると、大きな口でかみつきます。発光器《はっこうき》は、まっ暗な海のなかでなかまをみわける合図にもなります。

似てない親子

何種類《しゅるい》かのワニトカゲギスのなかまは、子どものときに、頭からとびだした目をもち、親とはまったくちがう姿《すがた》をしている。

おもしろガエルにひっくりかえる!

カエルのなかまは、氷でおおわれた南極大《なんきょくたい》陸《りく》をのぞく、世界じゅうでみられます。そのほとんどは、あたたかく湿度《しつど》が高い熱帯地《ねったいち》方《ほう》にすんでいますが、暑い砂漠《さばく》でくらす種《しゅ》もいます。おどろくような方法で、わが子をまもるカエルもいます。

▲アベコベガエルは、ブタのような鳴き声をだす。池の底《そこ》の泥《どろ》をほり、昆《こん》虫《ちゅう》などをさがして食べる。

アベコベガエル

南アメリカやカリブ海のトリニダード島にある池や湖にすんでいます。おとなのカエルは、体長6cmほどですが、オタマジャクシはそれよりもはるかに大きく、ときには22cmにもなります。アベコベガエルという名のとおり、おとなになると、ちぢんでしまうのです。

▼この写真は、実物大ではない。ダーリントンフクロガエルは、体長わずか25mm。サクランボほどの大きさだ。

ダーリントンフクロガエル

オーストラリア中東部のかぎられた地域《ちいき》にすんでいます。メスは、水中ではなく、しめった土のなかに卵《たまご》をうみます。小さな白いオタマジャクシがふ化すると、こんどはオスがやってきます。オタマジャクシは、オスの腰《こし》の両わきにあるふくろのなかにはいりこみ、小さなカエルになってからでてきます。

チチカカミズガエル

南アメリカのチチカカ湖にだけすんでいます。チチカカ湖は、標高《ひょうこう》3812mの高地にあります。標高《ひょうこう》が高いので、空気がたいへんうすく、標高《ひょうこう》の低い場所にくらべて、酸素《さんそ》の量《りょう》がすくなくなります。こうした環境《かんきょう》に適応《てきおう》するため、チチカカミズガエルの皮ふはたるみ、たくさんのひだにおおわれています。皮ふの表面積《ひょうめんせき》をふやすことで、より多くの酸《さん》素《そ》を皮ふから吸収《きゅうしゅう》できるようにしているのです。

“腕《うで》立《た》てふせ”はなんのため？

チチカカミズガエルは、皮ふ呼吸《こきゅう》ができるので、ほとんど水面にはでてこない。水中でときどき“腕《うで》立《た》てふせ”のような、きみょうな動作をする。これは、水をかきまぜ、水中の酸素《さんそ》をとりこみやすくするためだ。

▼チチカカミズガエルは、体長10～15cmで、水生のカエルとしては、世界最大種《せかいさいだいしゅ》だ。

鳥たちの
びっくり食事法

ハゲワシなどの鳥は、死肉を食べます。ヒメコンドルはいちど食べたものをはきだし、くさったえさのにおいで敵《てき》をおいはらうことがあります。また、胃《い》のなかの食べものをはきもどして、ひなにあたえる鳥もいます。

▲ツメバケイは、とぶのがへただ。ほぼ1日じゅう木にとまり、食べものを消化しているので、サルなどの敵《てき》におそわれやすい。

ツメバケイ

南アメリカに分布《ぶんぷ》する鳥で、ウシのふんのような、くさいにおいがします。食べた植物を腸内《ちょうない》の細菌《さいきん》で発酵《はっこう》させることで、消化しやすくするとともに、きょうれつなにおいを発生させて、敵《てき》を近づけないようにしています。

カツオドリ

カツオドリのなかまは海鳥で、イワシなどの魚やイカを大量《たいりょう》に食べます。おどろいたり、身の危険《きけん》をかんじると、胃《い》の中身をよくはきだします。

◀カツオドリのひなは、母鳥のくちばしをつついて、えさをねだり、はんぶん消化された魚をはきもどしてもらう。

ハゲワシ

ハゲワシのなかまは、ライオンなどの肉食獣《にくしょくじゅう》にころされたり、弱って死んだりした動物の残《ざん》がいを食べるので、「自然界《しぜんかい》のそうじ屋」とよばれています。ハゲワシの群《む》れは、死にかけた動物の上をぐるぐるととび、ごちそうにありつけるのをまっています。強力な胃酸《いさん》で食べものを消化します。なかには骨《ほね》まで消化できるものもいます。

石を投げつける技《わざ》

エジプトハゲワシは、ほかのハゲワシ同様、死んだ動物の肉を食べるが、ダチョウの卵《たまご》も好物だ。1kgほどの重さの石を口にくわえて、卵《たまご》に投げつける。何度も何度もうちつける。すると、厚さが2mmもある殻《から》もさすがにわれて……「いただきま～す！」

◀数種《すうしゅ》のハゲワシは、時間をずらして、ひとつの死がいを食べる。まずシロガシラハゲワシが死がいをひきさき、つぎに写真のコシジロハゲワシが内臓《ないぞう》を食べ、さいごにミミヒダハゲワシが、かたい残《ざん》がいを食べつくす。

“ねばねば”がいのち…？

ナメクジは粘液《ねんえき》を分泌《ぶんぴつ》して、体の乾燥《かんそう》をふせいでいます。粘液《ねんえき》で地面をはいやすくし、斜面《しゃめん》に体を密着《みっちゃく》させます。粘液《ねんえき》で敵《てき》の舌《した》をしびれさせ、身をまもるものもいます。

▲コウラナメクジは、まずい味の粘液《ねんえき》で体をつつみこんで、敵《てき》から身をまもり、体の乾燥《かんそう》もふせいでいる。

コウラナメクジ

黒や茶色、白など、さまざまな色をしています。ほかのナメクジが日光をさけ、岩や葉の下にかくれているような昼間でも、よく動きまわります。ヨーロッパでは庭いじりをする人は、ほかのナメクジよりもこのナメクジをよくみかけるので、植物にいちばん害《がい》をあたえる生きものだと思っています。ところが、コウラナメクジがおもに食べているのは、かれた植物やくさった植物です。

マダラコウラナメクジ

イギリスやアイルランドでよくみられるナメクジです。ヨーロッパの船荷とともにはこばれて、いまでは北アメリカの東岸と西岸沿《そ》いにも分布《ぶんぷ》します。まだら模様《もよう》が体じゅうにあるので、まわりによくとけこみ、みわけがつきにくいです。ときには体長20cm、人間の片手《かたて》ほどの大きさになります。

▼マダラコウラナメクジの粘液《ねんえき》は、ほかのナメクジのものと同じく、水分をふくむと、ねばりけがます。粘液《ねんえき》が手についたときは、水であらいながすよりも、こすりおとしたほうがよい。

体の下は、全部あし!

ナメクジは、カタツムリと同じ「腹足類《ふくそくるい》」のなかまで、ぐにゃぐにゃしたひとつのあしで動きまわる。体の下側全体があしで、「腹《ふく》足《そく》」という。このあしの筋肉《きんにく》をのびちぢみさせ、粘液《ねんえき》をだしながら、ゆっくり前進する。

ノハラナメクジ

体長3cmほどのやや小ぶりなナメクジですが、もっともやっかいな害虫《がいちゅう》のひとつです。ほとんどのナメクジはもっぱら地中にすんでいますが、ノハラナメクジは、地上で植物を食べてくらします。ほかのナメクジと同じく、毎日体重の2倍ものえさを食べます。繁殖力《はんしょくりょく》もおうせいで、とくにあたたかく、湿度《しつど》が高いと、つぎつぎと卵《たまご》をうみます。

▶ノハラナメクジは、畑の農作物を食いあらすことがある。粘液《ねんえき》は、ふだんは透明《とうめい》だが、危険《きけん》をかんじると、白くてねばりけが強くなる。

ネットハンターの必殺技《ひっさつわざ》

クモをこわがる人はおおぜいいますが、それは、たぶんクモの動きがすばしこいせいでしょう。えものをまちぶせて、とびかかるクモもいれば、つかまえたえものにかみついて、毒液《どくえき》を注入するものもいます。

▲えものにとびかかろうと、巣穴《すあな》の入り口でまちかまえるシドニージョウゴグモ。

オオツチグモ

オオツチグモのなかまは、世界じゅうに800～1000種《しゅ》もいて、アフリカやヨーロッパ南部、オーストラリア、南アメリカ、アジアなどのあたたかい地方に分布《ぶんぷ》します。砂漠《さばく》にも、熱帯雨林《ねったいうりん》にもすんでいます。昆虫《こんちゅう》やほかのクモ、小型《こがた》の爬《は》虫類《ちゅうるい》、カエル、ときには小鳥も食べます。

シドニージョウゴグモ

オーストラリアに分布《ぶんぷ》する毒《どく》グモです。強力なするどい牙《きば》で、甲虫《こうちゅう》やトカゲなどのえものに毒液《どくえき》を注入します。人間がかまれると、重症《じゅうしょう》になったり、死ぬこともありますが、この毒《どく》はイヌやネコにはあまりききません。

◀オオツチグモのなかまは毒《どく》をもつが、このクモにかまれて死んだという人は、ひとりもいないようだ。

▼木のあいだに網《あみ》をはるメスのジョロウグモ。じょうぶな網《あみ》には、鳥がかかることもあるが、ジョロウグモは鳥を食べない。

ジョロウグモ

ジョロウグモのなかまは、アフリカやオーストラリア、アジアに分布《ぶんぷ》します。体のわりに大きな巣《す》をつくり、その網《あみ》ははば2mになることもあり、ときには数年間もやぶれずにつかわれます。ジョロウグモの糸はたいへんじょうぶなので、南太平洋の島々では、魚をとる網《あみ》に利用《りよう》されていました。この糸で傷口《きずぐち》をおおい、出血をとめていた人もいたそうです。ジョロウグモの網《あみ》は、横糸が黄色いので、光があたると金色にかがやいてみえます。

クモの糸のひみつにズームイン！

クモがはる網《あみ》の糸には、横糸とたて糸がある。横糸には、ねばねばした球がついていて、えものはこの横糸にかかると、体がくっついて動けなくなってしまう。クモはねばらないたて糸をつたって移動する。

魚たちの
スーパーテクニック

びっくりするようなやり方で、敵《てき》から身をまもったり、えものをつかまえる魚たちを紹介《しょうかい》します。

▲ロイヤルグラマは、カリブ海やバハマ諸島周辺《しょとうしゅうへん》のサンゴ礁《しょう》にすみ、かなり北のフロリダにも生息する。

ハリセンボン

海底《かいてい》にいる小さな生きものや貝を食べます。カニや貝やウニをつかまえると、くちばしのような口でかみくだきます。

ロイヤルグラマ

体の前半分が紫色《むらさきいろ》で、後ろ半分が黄色のうつくしい魚で、水族館の人気者です。この魚のいちばんかわった特徴《とくちょう》は、うまれたときは、すべてメスであることです。オスの数がすくないと、メスからオスになることができます。

◀ハリセンボンは、身の危険《きけん》をかんじると、海水をのみこんで体をふくらませ、ふだんはねているとげをたたせて、敵《てき》をおいはらう。

▲ベタのオスは泡《あわ》の巣《す》をまもり、卵《たまご》が巣《す》からこぼれおちると、口にくわえて、巣《す》にもどす。

ベタ

タイやインドネシア、マレーシア、ベトナム、中国の水田や池、小川にすんでいます。オスは、水面に空気の泡《あわ》でうき巣《す》をつくり、メスが卵《たまご》をうむと、口にくわえて、泡《あわ》の巣《す》にはこびます。

けんかっぱやいベタ

ベタのオスは、ほかのオスに対して攻撃的《こうげきてき》で、なわばりをめぐって、激しく争う習性《しゅうせい》がある。飼《か》っているオスに鏡《かがみ》をみせると、うつった自分の姿《すがた》にも攻撃《こうげき》をしかけるほどだ。そのため、古来から「闘《とう》魚《ぎょ》」として飼《か》われ、カラフルな色彩《しきさい》の品種《ひんしゅ》がたくさんつくられた。

ちっちゃな虫の でっかいふしぎ

ハエやアブは、わたしたちの頭のまわりをぶんぶんとんだり、食べものにとまったりして、じつにうっとうしいものです。でも、じっくり観察《かんさつ》してみると、ほんとうにふしぎな生きものです。

▲キンバエやギンバエは、クロバエのなかまだ。体に金属光沢《きんぞくこうたく》があるので、すぐにわかる。

ラクダムシ

ラクダムシのなかまは、世界じゅうにおよそ200種《しゅ》がいて、北アメリカやヨーロッパ、中央アジアに分布《ぶんぷ》します。アブラムシやイモムシなど、小さなえものをつかまえて食べます。メスは樹皮《じゅひ》の下に産卵《さんらん》し、卵《たまご》からかえった幼虫《ようちゅう》は、樹皮《じゅひ》や落ち葉の下でくらします。

クロバエ

クロバエのメスは、動物の死体や、ヒツジなどの動物の傷口《きずぐち》に産卵《さんらん》します。一生のうちに、2000個《こ》ほどの卵をうみます。卵《たまご》がうみつけられた8時間後には、ウジがふ化し、くさりかけた肉を食べはじめます。

▼成虫《せいちゅう》の前胸《ぜんきょう》（前はねのつけ根から頭部までの部分）が細長くのびているのが、この虫の特徴《とくちょう》だ。

ラクダ、ヘビ、どっち？

ラクダムシは、静止すると、前胸《ぜんきょう》を上にあげて頭をもちあげる性質がある。この姿《すがた》が、ラクダに似ていることから、この名がついたという。いっぽう、英語《えいご》の名前は「スネークフライ（ヘビバエ）」だ。ラクダとヘビ、どちらにより似ているかな？

ムシヒキアブ

ムシヒキアブのなかまは、林や草原でよくみられます。狩《か》りの名人で、クモや甲虫《こうちゅう》、ハエ、チョウ、ミツバチなど、さまざまな昆虫《こんちゅう》を空中でつかまえます。するどい口器《こうき》をえものにつきさして、だ液《えき》を注入し、えものを麻痺《まひ》させてから、体液《たいえき》をすいあげます。

▶ムシヒキアブの口もとにびっしりとはえている、かたい毛は、にげようともがくえものから顔をまもるのに役だつ。

くるくるまいた
殻《から》をもつ

カタツムリなどの巻《ま》き貝は、庭や池、海岸、森など、世界じゅういたるところでみられます。じょうぶな殻《から》で敵《てき》から身をまもり、日光や風による乾《かん》燥《そう》もふせいでいます。

▶タマキビは、海鳥たちの大好物《だいこうぶつ》だ。タンパク質《しつ》にとみ、脂肪分《しぼうぶん》がすくないので、タマキビをこのんで食べる人もいる。

タマキビ

海岸でくらす巻《ま》き貝です。干潮《かんちょう》で海水がひき、空気にさらされると、はりついている植物や岩と自分の殻《から》のすきまを粘液《ねんえき》でふさいで、ひからびないようにし、ふたたび海水がみちてくるまで、体の水分をたもちます。

▼アフリカマイマイをつつくヒヒ。これまでにみつかった世界最大《せかいさいだい》のアフリカマイマイは、殻高《かくこう》が37.5cm、重さが2kg近くあった。

アフリカマイマイ

もともとアフリカのケニアやタンザニアなど、あたたかな国々に分布《ぶんぷ》していました。それが、いまでは東南アジアやカリブ海諸島《しょとう》、太平洋の島々でもみられます。くちた植物や果実、野菜をおもに食べます。殻《から》をじょうぶにするために、ほかの動物の骨《ほね》や殻《から》も食べて、カルシウムを補給《ほきゅう》します。

リンゴマイマイ(エスカルゴ)

ヨーロッパにひろく分布《ぶんぶ》するカタツムリで、庭や公園、森林、さらには砂丘《さきゅう》でもみられます。くちた植物や藻類《そうるい》、キノコ、地衣類《ちいるい》を食べます。雨の日や夜になると、活発に動きまわります。雨のふらない日がつづくと、殻《から》のなかにとじこもり、殻《から》の入り口をとざします。こうすれば、水がなくても、数か月間生きられます。セルロース(植物のせんい)を消化できるので、しめった紙や段ボール紙まで食べてしまいます。

カタツムリ・マイマイ・でんでん虫

カタツムリ類は、マイマイが正式な和名で、カタツムリ、でんでん虫は俗称《ぞくしょう》だ。カタツムリは、かた(潟)にいるつぶ(螺)からついた名。でんでん虫は、むかし子どもたちが、貝からはやく「出よ出よ」といって遊んだことからついたといわれている。

▶カタツムリ類には、こまかい歯がたくさんついた、歯舌《しぜつ》という長い舌《した》がある。この歯舌《しぜつ》で、地衣類《ちいるい》のようなえさをけずりとって食べる。

ペリットを はきだす鳥たち

猛禽類《もうきんるい》のような大型《おおがた》の鳥の多くは、小さな鳥や、ネズミやリスなどの哺乳類《ほにゅうるい》をつかまえて食べます。えものは残さず食べますが、鳥の羽毛や哺乳類《ほにゅうるい》の毛、骨《ほね》は消化できません。こうしたかたい部分は、かたまりにしてはきだします。このかたまりをペリットといいます。ペリットは、森の地面などによく落ちています。

ハヤブサ

ほかの鳥をつかまえて食べます。ひらけた場所や生《いけ》垣《がき》の上をとんで、えものを狩《か》りだし、急降下《きゅうこうか》してつかまえます。えものの鳥を木の切り株《かぶ》などの「むしり場」にはこび、羽毛をむしりとって食べます。

▼ハヤブサは、えものの頭や足、内臓《ないぞう》、さらに骨《ほね》の大部分を食べる。

ハヤブサの必殺技《ひっさつわざ》は、空中キック！

ハヤブサは、上空から急降下《きゅうこうか》して、あしでとんでいる鳥を強くけり、落ちていくところをキャッチする。急降下《きゅうこうか》のときのスピードは、時速130kmをこえるといわれている。

アカオノスリ

ほかの鳥やネズミ、リス、ウサギを食べます。ふつうは高い木の上からえものをさがして急降下《きゅうこうか》しますが、ときには低い場所をとびながら、地上のえものをおいかけます。えものを残《のこ》さず全部食べ、消化できないものは、小さなペリットとしてはきだします。

◀アカオノスリは、大きな長いつばさで、空高くまいあがる。

フクロウ

フクロウの胃《い》には、砂嚢《さのう》とよばれる部分があります。えものの毛や骨《ほね》など消化できないものはここですりつぶし、ペリットにします。ペリットがたまって、えさを食べられなくなると、ペリットをはきだします。

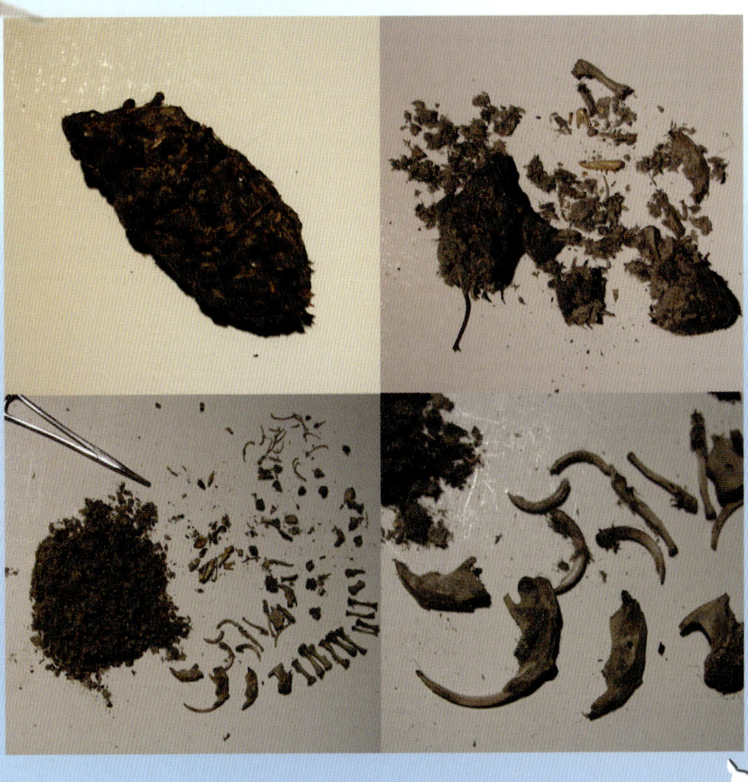

▶フクロウのペリットをほぐしてみると、えものの小さな骨《ほね》がでてくる。

ふぞろいの歯が ギラッ!

ワニには、アリゲーターのなかまやクロコダイルのなかま、インドガビアルなどがいて、その口には、するどい歯がならんでいます。この歯がぬけたり、かけたりすると、あたらしい歯がはえてきます。一生のあいだ、何度でもはえかわります。

▲インドガビアルのオスは、口先にこぶのようなふくらみがある。このこぶは、うなり声をあげて、ほかのオスに警告《けいこく》したり、ぷくぷくと泡《あわ》をだして、メスの気をひくのにつかわれる。

アリゲーター

アリゲーターには、巨大《きょだい》なアメリカアリゲーターと小型《こがた》のヨウスコウアリゲーターの2種《しゅ》がいます。ヨウスコウアリゲーターは、絶滅《ぜつめつ》が心配されています。アリゲーターのなかまは、淡水《たんすい》の沼《ぬま》や池、川、湿地帯《しっちたい》にすんでいます。爬虫類《はちゅうるい》や哺乳類《ほにゅうるい》、鳥などのえものが近づいてくると、とびかかってつかまえます。

インドガビアル

インド北東部、バングラデシュ、ネパール、ブータンの川に少数の群《む》れですんでいます。オスは、体長が6m近くになることもあります。陸《りく》上《じょう》では、動きがにぶいものの、水中では、とてもすばやく動きます。口先を左右にふりながらとじて、小魚などをつかまえます。

▼アリゲーターは、写真のカッショクペリカンのようなえものをくわえて、水中にひきずりこみ、おぼれさせる。

カイマン

カイマン類は、南アメリカのアマゾン川流域《りゅういき》にすむ肉食動物です。体長が4～5m（小型《こがた》トラックほどの長さ）になることもあります。魚をえさとし、どうもうな肉食魚のピラニアも食べます。カメや鳥、シカ、バク、ときには巨大《きょだい》なヘビのアナコンダさえもえさにします。乾季《かんき》になると、カイマンは小さな池でひしめきあい、共食《ともぐ》いすることで知られています。

ワニの遠ぼえ

ヘビやトカゲなどほとんどの爬虫《はちゅう》類《るい》は、声をだすことができないが、ワニは例外で、繁殖期《はんしょくき》などに大きな声で鳴く。１頭がほえると、ほかの個体もほえだし、まるでオオカミの遠ぼえのようだ。その声は、数キロ先までとどろき、まさに〝爬《は》虫類《ちゅうるい》の王様〟にふさわしい。

▼おとなのカイマンは、大きな魚をまるのみする。胃酸《いさん》がとても強いので、えものの骨《ほね》や皮など、あらゆる部分を消化できる。

ネバッ、ピタッ大作戦

ねばねばした長い舌《した》でえさをとる動物や、ねばつく液体《えきたい》を体からだす動物、吸盤《きゅうばん》をつかって動きまわったり、木の枝《えだ》や岩にくっつく動物たちを紹介《しょうかい》します。

▲コシモンチョボグチガエルは、敵《てき》におそわれそうになると、体をふくらませて、敵《てき》に背《せ》をむけ、ふたつの大きな斑点《はんてん》をみせる。敵《てき》には、これがヘビの頭のようにみえる。

コシモンチョボグチガエル

東南アジアの熱帯《ねったい》雨林《うりん》にすんでいます。夜になると、地面にいる昆虫《こんちゅう》をつかまえて食べます。敵《てき》におそわれそうになると、ねばつく粘液《ねんえき》を体からだして、自分をまずい味にします。

フクロアリクイ

オーストラリア南西部の森林にすんでいます。するどい嗅覚《きゅうかく》でシロアリの巣《す》をつきとめると、ねばねばした長い舌《した》を穴《あな》につっこんで、シロアリをくっつけ、ごちそうにありつきます。

◀フクロアリクイは、毎日約《やく》2万びきのシロアリを食べる。

オニヒトデ

あたたかい海でサンゴを食べて生きています。腕《うで》の下面にある何千本もの管足《かんそく》をつかって移動《いどう》します。管足《かんそく》の先端《せんたん》にある吸盤《きゅうばん》で、岩にくっつくこともできます。

サンゴの大敵《たいてき》

オニヒトデは、ふつうは大皿ぐらい（直径30cmくらい）の大きさだが、車のタイヤなみに巨大《きょだい》になることもある。その大きな体でサンゴにのっかり、サンゴを食べてしまう。沖縄や南西諸島《しょとう》では、オニヒトデの大発生でサンゴ礁《しょう》が打撃《だげき》を受け、問題になることがある。

▼オニヒトデの体には、毒《どく》のある長いとげがびっしりとはえている。

ありがとう大家《おおや》さん

ほかの生物に寄生《きせい》して生活する、ちゃっかりものの虫たちを紹介《しょうかい》します。これらの虫たちは、ほかの動物や植物から、一方的に栄養分《えいようぶん》をとったり、その体をすみ家にして生きています。寄生《きせい》される側の生物を、宿主《しゅくしゅ》といいます。

▲頭部の長い触角《しょっかく》で、アブラムシをさがすコレマンアブラバチ。

アブラバチ

とても小さな黒いハチです。メスは、アブラムシに産卵《さんらん》します。卵《たまご》からふ化した幼虫《ようちゅう》は、そのままアブラムシの体内に寄生《きせい》し、成長《せいちょう》します。成虫《せいちゅう》になると、宿主《しゅくしゅ》の体にまるい穴《あな》をあけて、とびでてきます。

▼このカタツムリの眼柄《がんぺい》には、吸虫《きゅうちゅう》が寄生《きせい》している。吸虫《きゅうちゅう》が眼《がん》柄《べい》のなかで体をくねらせると、鳥には、眼柄《がんぺい》がおいしそうなイモムシにみえる。

吸虫《きゅうちゅう》

鳥に寄生《きせい》する種《しゅ》がいます。そうした吸虫《きゅうちゅう》の一生は、まず鳥のふんのなかからはじまります。ふんにまじっている吸虫《きゅうちゅう》の卵《たまご》は、とおりかかったカタツムリに食べられて、その体内でふ化し、カタツムリの眼柄《がんぺい》のなかにはいりこみます。このカタツムリが鳥に食べられることで、吸虫《きゅうちゅう》はこんどは鳥の胃《い》のなかにはいりこみ、そこで産卵《さんらん》します。卵《たまご》が鳥のふんにまじって体の外にだされると、また同じことがくりかえされます。

ヒメバチ

ヒメバチのなかまは、何千種《しゅ》もいます。メスは、腹部《ふくぶ》の先にある長い産卵管《さんらんかん》で、ほかの生物に卵《たまご》をうみつけます。イモムシに産《さん》卵《らん》する種《しゅ》もいます。幼虫《ようちゅう》がふ化すると、イモムシは体がさけて、死んでしまいます。

サソリのようなハチ？

ヒメバチは、長くまがった体の先に“針《はり》”をもつため、英語《えいご》では「スコーピオンワスプ（サソリバチ）」ともよばれる。でも、その針《はり》は、サソリのような毒針《どくばり》ではない。

◀ヒメバチのなかまのオナガバチのなかには、樹皮《じゅひ》の下にいるカミキリムシやキバチの幼虫《ようちゅう》に産卵《さんらん》する種《しゅ》もいる。キバチの幼虫《ようちゅう》がつくったトンネルのなかに針《はり》をさしこみ、卵《たまご》をうむのだ。

くねくねした
生きものたち

ミミズを手でつかんだことがある人なら、そういう生きものがくねくねしてどんなにつかみにくいかわかるはずです。くねくねした生きものは、土のなかだけでなく、海のなかや海岸にもすんでいます。

▲カギムシは、自分の身をまもるために、敵《てき》めがけて粘液《ねんえき》をとばすこともある。

粘液《ねんえき》噴射《ふんしゃ》!

カギムシはえものをみつけると、口のわきにある器官《きかん》から糸状《じょう》のねばねば液《えき》をまるで投げなわのようにプワッと噴射《ふんしゃ》する。粘液《ねんえき》は、30cmもはなれた場所にまでとばせるという。

カギムシ

カギムシのなかまは、落ち葉の下やくち木のなかにすんでいます。英語《えいご》の名前は、「ベルベットワーム（ベルベット状《じょう》の虫)」です。

その名のとおり、細長い体がベルベット状《じょう》のやわらかな皮ふでおおわれています。ねばねばの粘液《ねんえき》をえものにふきかけ、自分の体の何倍もあるクモなどをとらえます。粘液《ねんえき》がからまって身動きできなくなったえものの体をかみちぎり、酸性《さんせい》のだ液《えき》でどろどろにして、すすります。

ゴカイ

ゴカイ類は、ミミズに近いなかまで、「環形《かんけい》動物」というグループに分類されています。海にすみ、海底《かいてい》の砂《すな》や泥《どろ》にU字型《じがた》やJ字型《じがた》の穴《あな》をほって、くらしています。ゴカイの穴《あな》は、ふつう長さが20〜40cmほどです。なかには、穴《あな》にねばねばの“網《あみ》”をはり、海中をただよう、小さな植物プランクトンをつかまえて、網《あみ》ごと食べるものもいます。

ツバサゴカイ

イギリス沿岸《えんがん》の砂底《すなぞこ》で、自分でだした粘液《ねんえき》でつくった管《くだ》のなかにすんでいます。ツバサゴカイの体は、3つの部分にわけられます。体の前部には、すみかとなる管《くだ》を分《ぶん》泌《ぴつ》する腺《せん》があります。体の中部には、つばさのような突起《とっき》があり、ここから粘液《ねんえき》を分《ぶん》泌《ぴつ》して、水中のえさを集めます。体の後部には、小さな節《ふし》がたくさんあります。

▲ゴカイの体には、ひらひらのフリルがたくさんついている。このフリルはボートのオールのような役目をはたし、およいだり、はったり、穴《あな》をほるのにつかう。

◀ツバサゴカイはわずかに発光し、とりわけ尾《お》の先端《せんたん》から光をだす。この光で、頭がおしりのほうにあるようにみせかけ、尾《お》のほうを敵《てき》につかませようとしているのだろう。

カエルは歌がすき

きみょうな声で鳴くカエルや、とにかく大きな声で鳴くカエルたちを紹介《しょうかい》します。このほかにも、べつの動物の鳴き声によく似た声をだすカエルなどがいます。

▲サンバガエルのオスは、卵《たまご》がふ化するまで、後ろあしにくっつけて、はこびあるく。

サンバガエル

アフリカ北部やヨーロッパ各地《かくち》に分布《ぶんぷ》します。オスは、ブーブーという電子音のような高い声で鳴きます。メスがひも状《じょう》につながった卵《たまご》をうむと、オスはその卵《たまご》を粘液《ねんえき》で自分のあしにまきつけます。ふ化が近づくと、オスは水のなかにはいり、オタマジャクシをはなします。

▼ウスグロノドツナギガエルをまるのみするナンベイウシガエル。このカエルは、ほかのカエルや小鳥、哺乳類《ほにゅうるい》、ときには自分の体の2倍もあるヘビさえも食べてしまう。

ナンベイウシガエル

おもに中央アメリカや南アメリカの熱帯雨林《ねったいうりん》にすんでいます。敵《てき》におそわれると、かん高いさけび声をあげます。

▼コキーコヤスガエルは、カエルにしてはめずらしく、あしに水かきがない。指先に吸盤《きゅうばん》があり、植物につかまりやすくなっている。

コキーコヤスガエル

「コキー」という鳴き声をだすことから名づけられました。もともとはカリブ海の島々に分布《ぶんぷ》していましたが、いまではハワイ諸島《しょとう》でも大量《たいりょう》にみられます。貨物船《かもつせん》にはこばれて、いつのまにかやってきたのです。

電車の音とどっちが大きい!?

コキーコヤスガエルの鳴き声は、50cmはなれたところで90〜100デシベルもある。これは、急行列車がもうスピードで走る音と同じくらいうるさい。

びっくりテクで
身をまもる

鳥たちは、自分を食べるほかの鳥など、多くの敵《てき》から身をまもる必要《ひつよう》があり、そのためにさまざまな方法を身につけています。なかには、とてもふしぎな方法もあります。

▲ハシビロガモは、へらのような形の長いくちばしで、水中のえさをこしとって食べる。あしの水かきをつかっておよぐ。

ハシビロガモ

池でおよぎながら水面のえさをこしとったり、浅瀬《あさせ》でおよぎながら逆《さか》だちして、水底《みずぞこ》のえさをとったりする鳥です。北アメリカやヨーロッパ北部、アジア各地《かくち》の湿地帯《しっちたい》で繁殖《はんしょく》します。敵《てき》におそわれると、メスはくさいふんを卵《たまご》にかけて、敵《てき》に卵《たまご》を食べられないようにします。

海水を飲んでも平気！

ミズナギドリやアホウドリなど海鳥のなかまは、水分を海水からとる。海水は塩分が多くふくまれているが、その濃《こ》い塩分は、目の上にある塩腺《えんせん》という器官《きかん》でこす。そして、こされた濃《こ》い塩分は、くちばしの上の筒状《つつじょう》になった鼻から体外にすてる。

オオフルマカモメ

「カモメ」と名がつきますが、オオフルマカモメもフルマカモメ（47ページ）もミズナギドリのなかまで、カニや魚をえさとします。

オオフルマカモメは、オキアミやイカ、アザラシやペンギンの死がいも食べます。ほかの鳥が巣《す》に近づくと、くさいにおいのする、どろりとした油を胃《い》からだし、相手にはきだします。この油が羽毛につくと、水をはじく力が弱まるので、相手の鳥には危険《きけん》です。

◀オオフルマカモメは、岩のわれめに小石をしいて、巣《す》をつくる。

フルマカモメ

敵《てき》が巣《す》に近づいてくると、フルマカモメはせきこむような声をだして、敵《てき》に油をはきかけます。卵《たまご》からふ化したばかりのひなも、わずかだが油をはくことができます。4日もたつと、30cm先まで油をとばせるようになります。親鳥が海でえさをとっているあいだ、ひなはひとりで巣《す》に残されるので、こういうわざを身につけたのでしょう。

▲フルマカモメのひなは、くさい油をはきかけることで、のらネコやカワウソ、トウゾクカモメ、カラス、カモメから身をまもる。

▼フルマカモメは、がけっぷちの草の上に卵《たまご》をうむ。ひながうまれて2週間ほどたつと、親鳥は巣《す》をはなれ、えさをさがしにいく。

身近な動物の病気

動物にもさまざまな病気があります。たとえば疥癬《かいせん》は、イヌからイヌへとうつります。ときには人間に感染《かんせん》することもあります。

イヌとネコ

イヌやネコの体内には、サナダムシや線虫《せんちゅう》などの寄生虫《きせいちゅう》がすんでいます。寄生虫《きせいちゅう》の卵《たまご》は、イヌやネコのふんにまじって、体の外に排出《はいしゅつ》されます。人間がイヌにさわったとき、手に寄《き》生虫《せいちゅう》の卵《たまご》がつき、その手をあらわずにものを食べたりすると、人間にも寄生虫《きせいちゅう》がうつることがあります。イヌやネコの寄生虫《きせいちゅう》は、定期的《ていきてき》にとりのぞきましょう。

◀イヌやネコとあそんだら、しっかりと手をあらい、病気がうつらないようにしよう。

ハトのふんを爆《ばく》弾《だん》作りに利用

ハトのふんは、16世紀《せいき》には、黒色火薬の原料《げんりょう》につかわれ、利用価値《りようかち》があるとかんがえられていた。このほか、コウモリや海鳥のふんが大量《たいりょう》につもったものも、火薬の原料《げんりょう》としてつかわれたという。

ハト

世界じゅうの都市には、たくさんのハトがすみついています。ハトは、ハトや人間の肺《はい》をおかす病気にかかっていることがあります。ハトはこの病気にかかっても、軽い症状《しょうじょう》ですみますが、人間がかかると重症《じゅうしょう》になるおそれがあります。ハトのふんがまじったほこりをすいこむと、人間にも病気がうつります。ふんのなかの細菌《さいきん》のせいで、熱《ねつ》をだすこともあります。

▲病気がうつるおそれがあるので、ハトをさわったり、つかまえたりしてはいけない。

ドブネズミ

人間がすんでいるところなら、世界じゅうほぼどこにでもいます。食中毒《しょくちゅうどく》や発疹《はっしん》チフス、ペストなど、多くの病気をひろめます。ペストは、14世紀《せいき》のヨーロッパで「黒死病《こくしびょう》」とよばれた、おそろしい病気で、ドブネズミにつくノミから人間にも感染《かんせん》しました。当時のヨーロッパでは、5000万人もがペストで死んだといわれています。

▶ドブネズミは人間の残飯《ざんぱん》をあさる。多くは下水管《げすいかん》のなかなど、人間のすぐそばでくらしている。

海のなかのハンターたち

ほかの魚を食べる肉食魚には、かわったやり方でえものをつかまえるものがいます。自分の体より大きな魚を食べたり、剣《つるぎ》のようなするどい上あご（吻《ふん》）でえものに切りつけたりするのです。

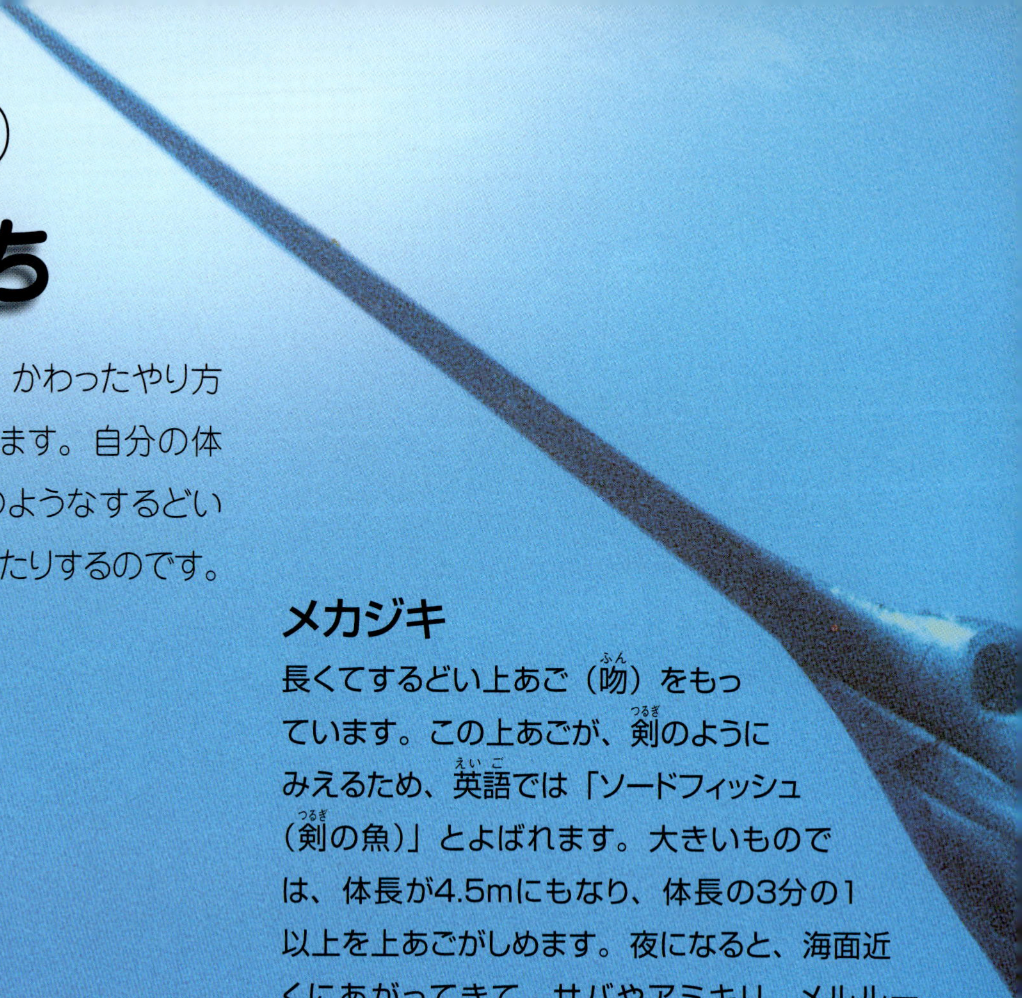

メカジキ

長くてするどい上あご（吻《ふん》）をもっています。この上あごが、剣《つるぎ》のようにみえるため、英語《えいご》では「ソードフィッシュ（剣《つるぎ》の魚）」とよばれます。大きいものでは、体長が4.5mにもなり、体長の3分の1以上を上あごがしめます。夜になると、海面近くにあがってきて、サバやアミキリ、メルルーサ、イボダイ、ニシン、イカなどのえものをさがし、上あごでたたきつけます。

▼リュウグウノツカイには、歯がない。口のおくにあるくしの歯のような装置《そうち》で、小さな生きものをこしとって食べる。

リュウグウノツカイ

ときには体長15.5mにもなります。これは、バスケットボールのコートのはばとほぼ同じです。深海にすんでいるので、生きている姿《すがた》はめったにみられません。ときどき岸にうちあげられ、伝説《でんせつ》の巨大怪物《きょだいかいぶつ》「大《おお》海蛇《うみへび》」ではないかとさわがれます。

オニボウズギス

熱帯《ねったい》と亜熱帯地方《あねったいちほう》の水深1500mよりもあさい海に分布《ぶんぷ》します。胃《い》ぶくろを3倍の大きさにまでひろげられるので、自分より大きな魚を食べられます。

▲オニボウズギスは口を大きくあけて、魚をまるのみしてから、ゆっくりと消化する。

◀メカジキは上あごをつかって、アオザメのような敵《てき》から自分の身をまもる。高速でおよぐメカジキをつかまえられるほど、はやくおよげる敵《てき》はめったにいない。

吻《ふん》でひとさし!

カジキのなかまの吻《ふん》は、上あごの骨《ほね》がのびたものだ。マカジキなどの吻《ふん》の断面は円形で、メカジキは、ひらたい剣《つるぎ》のようだ。高速でおよぎまわり、ときには船にもぶつかってくるので、むかしの船は、この吻《ふん》でつかれて、船底《ふなぞこ》にあなをあけられてしまったこともあるという。

でぶっちょの虫たち

ここでは、まるまるとふとった、でぶっちょの虫たちを紹介《しょうかい》します。シロアリの女王アリは、体が大きすぎて、ほとんど動けないほどです。

シロアリ

シロアリのなかまは、2億年前から地球上に存在《そんざい》し、現在《げんざい》でも2500種《しゅ》以上います。コロニーという集団でくらし、コロニーでは、1ぴきまたは複数《ふくすう》の大きな女王アリが卵《たまご》をうみ、数千びきから数百万びきもの小さなはたらきアリや兵《へい》アリがはたらいています。女王アリは、1日で8万6000個《こ》もの卵《たまご》をうむことができます。

ヘラクレスサンの幼虫《ようちゅう》

ヤママユガのなかまであるヘラクレスサンの幼虫《ようちゅう》は、オーストラリアの熱帯雨林《ねったいうりん》にすんでいます。ギリシャ神話の英雄《えいゆう》で、世界一の力持ちであるヘラクレスにちなんで名づけられました。成虫《せいちゅう》は世界最大級《せかいさいだいきゅう》のガになり、ときにははねをひろげた大きさが30cmと、大きな皿ぐらいの大きさになります。

口がない?!

ヤママユガのなかまの成虫《せいちゅう》は、口(口吻《こうふん》)が退化《たいか》していて、羽化《うか》後《ご》はなにも食べず、幼虫《ようちゅう》のころにたくわえた養分《ようぶん》だけで生きる。そのため、成虫《せいちゅう》の寿命《じゅみょう》は長くて1週間くらい。メスは交尾《こうび》をした後、卵《たまご》をうむことだけが仕事で、交尾《こうび》後の数日間に、卵《たまご》をたくさんうむ。

◀ヘラクレスサンの幼虫《ようちゅう》は、トウダイグサ科の木の葉を食べて育つ。大きなぶよぶよの体には、たくさんの黄色いとげがある。

▲シロアリの女王アリは、うまれたコロニーをはねアリとして旅だち、交尾《こうび》したあと、はねをおとして、あたらしいコロニーをつくる。写真の女王アリの頭とあしは、左はしに小さくみえる。

シロアリの巣《す》

巨大《きょだい》な巣《す》をつくります。背《せ》の高いアリ塚《づか》を地上につくる種《しゅ》もいれば、木の根もとや地下に巣《す》をつくるものもいます。森のなかでは、「ごみのそうじ屋」として役だっています。かれ木をこまかくかみくだくので、分解《ぶんかい》がはやまって、土壌《どじょう》がゆたかになり、植物が育ちやすくなるからです。ところが、シロアリが人間の建物《たてもの》にすみつくと、材木《ざいもく》をぼろぼろにするので、害虫《がいちゅう》となります。アメリカ合衆国《がっしゅうこく》では、嵐《あらし》と火事の被害《ひがい》をあわせたよりも、シロアリの被害《ひがい》のほうが大きいほどです。

▶アフリカの草原にあるシロアリの巣《す》は、ふつう高さが1～3mある。その多くは、人間のおとなの身長と同じぐらいだ。

世にもふしぎな 魚たち

海のなかには、竹馬にのっているような姿《すがた》の魚や、人気アニメのアヒルのような口の魚、ギターのような形の魚など、まんがのなかからとびだしてきたような魚たちがいます。

シギにそっくり?

シギウナギという名前は、この魚の長くのびたあごの形が、鳥のシギのくちばしに似ていることからつけられた。ソリハシシギ、ハマシギ……と、シギのなかまはたくさんいる。くちばしの形もいろいろだ。どのシギに似ているか、鳥の図鑑《ずかん》で調べてみよう。

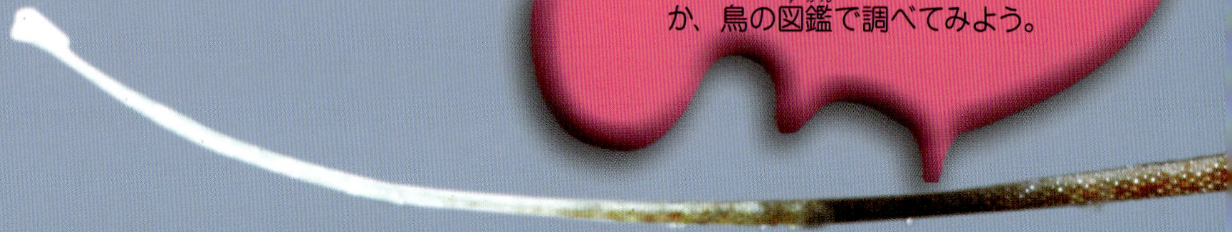

オオイトヒキイワシ

赤道付近《ふきん》の海底《かいてい》にすんでいます。「サンキャクウオ（三脚魚《さんきゃくうお》）」ともよばれるように、3つの長いひれで海底《かいてい》にたち、小さな甲殻類《こうかくるい》が頭近くの胸《むな》びれにぶつかるのをまちます。胸《むな》びれはアンテナの役割《やくわり》をはたします。

◀オオイトヒキイワシの体長は、大きくても37cmほどだが、3つの長いひれは、1m近くある。

シギウナギ

シギウナギのなかまは、体長が1.5mになることもあります。上下のあごが長くのびて、先端《せんたん》でそりかえり、後ろむきにそりかえったかぎ状《じょう》の小さな歯がはえていて、えもののエビをつかまえやすくなっています。海底《かいてい》や海面近くではなく、ひろびろとした中間の水深をおよいでいます。

▲シギウナギは、口をあけておよぎながら、すれちがったエビの触角《しょくかく》をギザギザの歯にひっかけて、つかまえる。

ショベルノーズギターフィッシュ

サカタザメのなかまで、恐竜《きょうりゅう》の時代よりも前から地球上に生きていました。カリフォルニア湾《わん》にすみ、その名のとおり、ギターのような形をしています。カニやエビなどの甲殻類《こうかくるい》を海底《かいてい》でさがして食べます。まるい小石のような歯をたくさんもっています。

▶ショベルノーズギターフィッシュは、あさい海でくらす。海底《かいてい》の砂《すな》にもぐっているので、なかなかみわけがつかない。

動物たちの鼻じまん

動物のなかには、ふしぎな形の鼻をつかって、えさをさがすものがいます。びんかんな鼻で、遠くからえもののにおいをかぎつけたり、えものの動きをかんじとったりするのです。

▲ホシバナモグラは目がみえないので、触手《しょくしゅ》でさわり、えさかどうかをたしかめる

ホシバナモグラ

北アメリカに分布《ぶんぷ》するホシバナモグラは、体はふつうのモグラですが、じつにきみょうな鼻をしています。鼻の先から22本の触手《しょくしゅ》がのび、くねくねと動いているのです。えさのミミズなどが地中で動いているのをこの触手《しょくしゅ》でかんじとることができます。

ツチブタ

アフリカのサハラ砂漠《さばく》以南に分布《ぶんぷ》します。夜になると、長い鼻を地面におしつけ、えさのアリやシロアリのにおいをさがして、歩きまわります。ときにはひと晩《ばん》で30kmも歩きます。シロアリが動く、かすかな音を聞きとって、さがしあてることもあります。

▶ツチブタは、巣穴《すあな》をほるときやシロアリの巣《す》をこわすとき、土ぼこりがはいらないよう、鼻の穴《あな》をとじることができる。

▶オスの鼻は、長ければ14cmにもなる。この長い鼻のおかげで、大きな警戒《けいかい》の声をあげられる。

拡声器《かくせいき》の鼻

テングザルのオスがかん高い声をあげて､メスやなかまに危険《きけん》を知らせるとき、鼻はまっすぐにのび、拡声器《かくせいき》の役割《やくわり》をはたす。おこったり、こうふんすると、ふくらんで赤くなる。

テングザル

ボルネオ島のマングローブ林にすんでいます。オスが長くたれさがった鼻をもつことから、「テングザル」と名づけられました。オスの大きな鼻は、メスをひきよせるのに役だつとかんがえられています。ふつうのサルは4本のあしで歩きまわりますが、テングザルは2本の後ろあしで水中を歩きます。

こまったことをする鳥たち

ほかの鳥をおそって食べたり、ほかの鳥がとったえさを横どりする鳥がいます。ひなをまもるために攻撃的《こうげきてき》になる鳥もいて、ときには人間をおそうこともあります。

これぞ、真《しん》の盗賊《とうぞく》？

トウゾクカモメ類は、ほかのカモメやミズナギドリ類をおそって、これらの鳥がのみこんだ魚をはかせてうばう習性《しゅうせい》がある。まさに「盗《とう》賊《ぞく》」の名にふさわしい！　でも、おそわれるカモメ類も、ほかの鳥の食べものを横どりする。

オオトウゾクカモメ

性質《せいしつ》があらく、つばさをひろげるとおよそ1.4mにもなります。名前に「盗賊《とうぞく》」とついているように、ほかの鳥をおそって、えものを横どりしたり、ツノメドリやミツユビカモメをころして食べます。また、魚やレミング、ほかの鳥の卵《たまご》やひなも、えさにします。

カササギフエガラス

オーストラリアとニューギニア南部に分布《ぶんぷ》しています。日本のカラスよりもすこし小さめで、背中《せなか》や羽の一部が白くなっています。性質《せいしつ》があらいことで知られています。ある調査《ちょうさ》によれば、オーストラリア人男性の10人に9人は、この鳥におそわれたことがあるといいます。

◀カササギフエガラスのオスは、自転車に乗っている人をよくおそう。うまれたばかりのひなに危害《きがい》をくわえるとかんがえているのだろう。

▼オオトウゾクカモメは、けたたましい鳴き声やするどいさけび声をあげて、巣《す》に近づくものを攻撃《こうげき》する。

カッコウ

カッコウのなかまの多くには、はた迷惑《めいわく》な習性《しゅうせい》があります。たとえばカッコウは、ほかの小鳥の巣《す》に卵《たまご》をうみます。カッコウのひなは、巣《す》のなかで最初《さいしょ》にふ化し、育ての親の卵《たまご》やひなを巣《す》から落としてしまい、えさをひとりじめにして、すくすく育ちます。

▶カッコウのひなは、育ての親の小鳥よりもはるかに大きくなる。

ぬるぬるした
海の生きものたち

海のなかには、ぬるぬるした生きものがたくさんすんでいます。たとえばダイオウイカ――ヨットと同じぐらいの大きさになる、世《せ》界《かい》最《さい》大《だい》のぬるぬる生物です。ぬるりとした長い触腕《しょくわん》につかまれるのは、だれだってごめんです。

◀ダイオウイカをつかまえて食べられるほど、大きな動物は多くないが、マッコウクジラとネムリザメは、ダイオウイカの天敵《てんてき》だ。

ダイオウイカ

世界じゅうのふかい海にすんでいますが、熱帯地方《ねったいちほう》と極地《きょくち》の海では、ほとんどみられません。とにかく巨大《きょだい》なイカで、メスは全長13m、オスは全長10mになることもあります。

▼アメフラシの皮ふの粘液《ねんえき》には毒《どく》があり、敵《てき》がいやがる、まずい味がする。

アメフラシ

アメフラシのなかまは、ナメクジを大きくしたような姿《すがた》をしています。自分の体と同じ色の植物しか食べず、この体色でまわりの海草にうまくとけこみ、姿《すがた》をかくします。身の危険《きけん》をかんじると、紫色《むらさきいろ》の液《えき》をはき、イソギンチャクなどの敵《てき》を混乱《こんらん》させます。

ヒトデ

世界じゅうの海に分布《ぶんぷ》します。ヒトデの粘液《ねんえき》には、花粉症《かふんしょう》などのアレルギーの治療《ちりょう》に役だつと思われる物質《ぶっしつ》がふくまれていることがわかり、研究者たちがヒトデの粘液《ねんえき》を集めています。

▼多くのヒトデは、ハマグリやカキなどの二枚貝《まいがい》をえさとする。腕《うで》にある吸盤《きゅうばん》で殻《から》をこじあけ、やわらかい中身を食べる。

出し入れ自在の、ふしぎな“胃《い》”

ヒトデの体のうらをみると、星形の中心に小さな穴《あな》がある。これが口。ヒトデは、えものをとらえると、この口から、胃《い》ぶくろを反転させて体外にだし、えものをつつみこみ、消化液《しょうかえき》でとかして食べてしまう。

猛毒注意《もうどく》!

爬虫類《はちゅうるい》や両生類《りょうせいるい》のなかには、猛毒《もうどく》をもつものがいます。皮ふから毒液《どくえき》を分泌《ぶんぴつ》したり、だ液《えき》に毒《どく》がまじっていたり、毒牙《どくが》をもつものもいます。

サハラツノクサリヘビ

アフリカ北部や中東各地に分布《ぶんぷ》します。砂《すな》にもぐり、角だけを外にだして、しずかにえものをまちぶせします。えものが近づいてくると、砂《すな》のなかからとびだして、かみつき、牙《きば》から毒液《どくえき》を注入します。えさは、ネズミなどのげっ歯《し》類や小さなヘビ、トカゲ、鳥などです。

▼サハラツノクサリヘビの頭には、角のような形をした長いうろこが2つある。この角には、目を保護《ほご》したり、敵《てき》に発見されにくくする役目があるようだ。

猛毒《もうどく》が薬になる!

トカゲ類のなかで毒《どく》をもっているのは、ここで紹介《しょうかい》したアメリカドクトカゲと、もう1種《しゅ》メキシコドクトカゲだけだ。アメリカでは、アメリカドクトカゲのだ液《えき》からつくられた薬が、糖《とう》尿病《にょうびょう》の治療《ちりょう》につかわれている。

▲アメリカドクトカゲは、強力なするどい爪《つめ》で穴《あな》をほるが、えものは毒《どく》のあるだ液《えき》でころす。

アメリカドクトカゲ

アメリカ合衆国《がっしゅうこく》南西部やメキシコ北部に分布《ぶんぷ》します。鳥やげっ歯《し》類、ほかのトカゲにかみついて、毒《どく》のあるだ液《えき》を注入し、ころして食べます。

ヤドクガエル

ヤドクガエルのなかまは、中央アメリカや南アメリカに分布《ぶんぷ》します。ほとんどのものは、自分を食べると危険《きけん》だと敵《てき》に警告《けいこく》するために、あざやかな体の色をしています。皮ふから毒素《どくそ》を分泌《ぶんぴつ》します。

▶ヤドクガエルのなかでも最強《さいきょう》の毒《どく》をもつのは、モウドクフキヤガエルだ。このカエルの毒《どく》は、10人もの人間をころせるほど強力だ。

死肉が ごちそう

多くの鳥が、死肉やごみをえさとします。ほかの動物が食べのこした死がいをたいらげたり、ごみすて場で人間の残飯《ざんぱん》をあさり、あたりをぐちゃぐちゃに散《ち》らかしてしまいます。

▲ハシボソガラスのくちばしは厚《あつ》みがあって、先がとがり、卵《たまご》をくわえてはこぶのにぴったりだ。

ハシボソガラス

大きな黒い鳥で、よくめだつ木にとまり、あたりのようすをさぐります。ほかの鳥が巣《す》づくりしているのをみかけると、あとでその巣《す》にとんでいき、卵《たまご》やひなを食べてしまいます。

カラカラ

メキシコの国鳥です。死肉をこのんで食べ、死んだ魚やくさった魚、車にひかれた動物などをえさとします。ときにはカッショクペリカンをおそって、食べたばかりの魚をむりやりはきださせることもあります。

◀カラカラのオスは、よく巣《す》近くの木の枝《えだ》にとまって、敵《てき》がこないかみはり、ひなをまもる。

アフリカハゲコウ

大きな鳥で、つばさをひろげると3.2mにもなります。これはコンドルとならび、陸《りく》の鳥のなかでは最大級《さいだいきゅう》です。死肉やごみをあさります。きたないことのように思えるかもしれませんが、そのおかげであたりがきれいになり、病気がひろがらずにすむのです。野火のあるところにとんでいき、にげる小動物をつかまえて食べます。

はげているから"ハゲコウ"

ハゲコウ類は、ハゲワシ(→23ページ)同様に、頭と首に羽毛がはえていない。そのため、動物の死体にたやすく頭をつっこんで肉を食べることができる。羽毛は食事のじゃまになったり、よごれたりする。

▶頭に羽毛がないと、頭部を死体につっこんだときにつくバクテリアを直射日光《ちょくしゃにっこう》で消《しょう》毒《どく》するのにも、つごうがいい。

ここえる海にすむ 魚たち

魚たちは、とてもつめたい海でも生きられます。ここえるような南極海《なんきょくかい》でも、すくなくとも270種《しゅ》の魚たちがくらしています。こうした魚の体は、きわめて低い水温でもこおらないように、とくべつなしくみを体にそなえています。

スイショウウオ

南極海《なんきょくかい》と大西洋南部に分布《ぶんぷ》します。血液《けつえき》に天然《てんねん》の不凍剤《ふとうざい》をもち、血液《けつえき》のなかに氷の結晶《けっしょう》をできなくすることで、氷点下の海のなかでも生きられます。血液中《けつえきちゅう》に赤血球がなく、血液《けつえき》がはこぶ酸素《さんそ》の量《りょう》がほかの魚よりもすくないので、大きな心臓《しんぞう》をほかの魚の2倍のはやさで鼓動《こどう》させます。

▼スイショウウオは、たいてい海底《かいてい》でじっとしている。寒さのため、とても活発に動くということはない。

▲写真のクサウオのなかまは、ピンクと灰色《はいいろ》のゼリー状《じょう》の体をもち、巨大《きょだい》なオタマジャクシのようにみえる。

クサウオ

クサウオのなかまは、つめたい海にも、あたたかい海にも生息し、あさい海から水深7500mの深海にまですんでいます。ほぼ水でできたゼリーのような物質《ぶっしつ》が体重の3分の1をしめ、体をうきやすくしたり、あるいは水のなかで、無《む》重力状態《じゅうりょくじょうたい》に近づけたりします。

氷の海は平気でも……

南極海《なんきょくかい》に生息する魚たちは、ふつうの魚が凍死《とうし》してしまうようなつめたい海でも元気にくらせるが、反対に高い水温はにがてだ。海水温が6℃以上になると、熱射《ねっしゃ》病《びょう》で死んでしまう魚もいる。

▲卵《たまご》からふ化したボウズハゲギスの子どもは、海面から数m下の氷のなかにかくれ、敵《てき》から身をまもる。

ボウズハゲギス

ボウズハゲギスの血液《けつえき》には、スイショウウオと同じく、とくしゅなタンパク質《しつ》がふくまれているので、南《なん》極《きょく》のつめたい海水のなかでも血液《けつえき》がこおりません。海面にうかぶ氷のかたまりのすぐ下にすみ、小さなオキアミや幼生《ようせい》を食べて生きています。

長《なが》い尾《お》のある 両生類《りょうせいるい》

このページに登場する生きものは、カエルとおなじ両生類《りょうせいるい》のなかまです。けれども、おとなになると尾《お》がなくなるカエルと異《こと》なり、おとなになっても長い尾《お》があります。有尾目《ゆうびもく》とよばれるなかまです。

ファイアサラマンダー

イモリのなかまで、マダラサラマンドラともよばれています。ヨーロッパ南部と中部の森林にすんでいます。おもに夕方から明け方にかけて、昆虫《こんちゅう》やクモ、ナメクジ、ミミズ、イモリ、小さいカエルなどの小動物をつかまえて食べます。ふだんは岩や倒木《とうぼく》の下にかくれています。

トラフサンショウウオ

トラフサンショウウオのなかまは、北アメリカの森林や草原にすんでいます。自分でほった巣穴《すあな》や、ほかの小動物がつかわなくなった穴《あな》にすんでいるので、英語《えいご》では「モールサラマンダー（モグラサンショウウオ）」とよばれます。

▼トラフサンショウウオのなかまは、なめらかで、つやのある皮ふをもち、この皮ふをとおして酸素《さんそ》を吸収《きゅうしゅう》する。

◀ファイアサラマンダーは、危険《きけん》をかんじると、背中《せなか》にならんだ腺《せん》から乳白色《にゅうはくしょく》の毒液《どくえき》をだす。

オオサンショウウオ

オオサンショウウオのなかまは、日本、中国、北アメリカに分布《ぶんぷ》します。北アメリカのアメリカオオサンショウウオ（ヘルベンダー）は、体長40cmほどですが、日本のオオサンショウウオは、ときには1.5mにもなります。オオサンショウウオのなかまは、ザリガニ、昆虫《こんちゅう》など、水中でみつけた生きものなら、ほぼなんでも食べます。

火を燃《も》えあがらせる……？

古代ヨーロッパには、ファイアサラマンダーは火を燃《も》えあがらせる力がある、という伝説《でんせつ》があった。これは、たき火をしたときに、たき木にしたくち木にかくれていたファイアサラマンダーが、火からでてくることがあったためだろう。

▶アメリカオオサンショウウオの皮ふは、しわがより、粘液《ねんえき》におおわれている。この粘液《ねんえき》で、体がきずつかないよう保護《ほご》し、寄生虫《きせいちゅう》がつくのもふせぐ。

ぐにゃぐにゃした
海の生きものたち

海のなかには、ぐにゃぐにゃの生きものもいます。陸上《りくじょう》では、体がやわらかすぎてくらせなくても、海のなかなら体がうくので、生きていけます。

▲ナマコは、吸盤《きゅうばん》がついた多くの管足《かんそく》で、海底《かいてい》をはいまわる。

ナマコ

ナマコの体は、いぼいぼの皮ふとやわらかいとげにおおわれています。ナマコは身の危険《きけん》をかんじると、筋肉《きんにく》を収縮《しゅうしゅく》させて、体から水をふきだします。なかには、自分の腸《ちょう》を放出して、敵《てき》をおいはらうものもいます。うしなった腸《ちょう》は、そのうち再生《さいせい》します。

▼イソギンチャクは、触手《しょくしゅ》で小魚などのえものをつかまえる。

イソギンチャク

ゼリーのようにやわらかい体をもち、直径がわずか1.25cmのものから、1.8mもあるものまでいます。体の中央に口があり、そのまわりに触手《しょくしゅ》がならんでいます。粘着力《ねんちゃくりょく》が強い触手《しょくしゅ》は、えものをつかまえてころすのにつかいます。触手《しょくしゅ》がすこしでもえものにふれると、ちいさなとげがとびだして、毒液《どくえき》を流しこみ、えものを麻痺《まひ》させてしまいます。

アンドンクラゲ

アンドンクラゲのなかまは、すきとおった立方形の体をしています。猛毒《もうどく》をもつ種《しゅ》は、バスケットボールほどの大きさで、長い触手《しょくしゅ》をなびかせて、およいでいます。触手《しょくしゅ》には、刺胞《しほう》がならび、これでエビや小魚などのえものをころします。

▼アンドンクラゲは、動物界一の猛毒《もうどく》生物といわれ、1954年以降、5500人以上がアンドンクラゲにころされたという。

猛毒《もうどく》注意報

アンドンクラゲのなかには、4分もたたないうちに人間をころせるほどの猛毒《もうどく》をもつものがいる。日本の沿岸《えんがん》には8〜9月に漂着《ひょうちゃく》することが多い。大群《たいぐん》でやってくるので、ひとつでもみつけたら、岸にあがるようにしよう。

生きものたちの
あしじまん

きみょうなあしをもっているのは、クモだけではありません。巨大《きょだい》なタカアシガニには、人間のおとなの身長と同じくらい長いあしが10本もあります。

▲オオムカデは、強力なあしの先にある爪《つめ》で、えものをしっかりつかまえる。

タカアシガニ

日本の太平洋岸に分布《ぶんぷ》します。海底《かいてい》にある魚や甲殻類《こうかくるい》の死がいをえさとし、2本のはさみあしでつかんで食べます。巨大《きょだい》なカニですが、さらに大きなタコや漁船《ぎょせん》につかまえられてしまいます。

オオムカデ

オオムカデのなかまには、体長が30cm以上あり、学校でつかうじょうぎよりも長いものがいます。大部分は夜行性《やこうせい》で、夜になると昆虫《こんちゅう》やネズミをつかまえます。頭の下側にある1対の毒爪《どくつめ》をえものに何度もつきさし、そこから毒液《どくえき》を注入します。人間がかまれると、とてもいたい思いをすることがあります。

◀タカアシガニがあしをひろげたはばは、小型《こがた》の自動車の長さとほぼ同じだ。

▼ザトウムシの基本的《きほんてき》な体の構造《こうぞう》は、4億年前からあまりかわっていない。

ザトウムシ

ザトウムシのなかまは、世界じゅうに分布《ぶんぷ》し、6400種《しゅ》以上もいます。ハエやダニ、小さなナメクジ、クモ、くさりかけた植物、菌類《きんるい》、鳥のふんを食べます。えさを食べおわると、8本のあしを1本ずつ口にはこび、きれいにします。鳥におそわれると、とてもくさいにおいをだして、身をまもります。

ザトウムシの“にげあし作戦”

ザトウムシは、敵《てき》におそわれたり、あしをつかまれたりすると、トカゲ類と同じように自切《じせつ》の作戦にでる。トカゲ類は尾《お》を切るが、ザトウムシはあしを切りおとし、ぴくぴくと動きつづける切れたあしに、敵《てき》が気をとられているすきににげる。

ぼくたち毒《どく》がある

世界には、毒《どく》をもつ、いろいろな動物たちがいます。毒《どく》をつかって自分の身をまもるものもいれば、自分より大きいえものをつかまえるものもいます。

▲カモノハシは、カモのようなひらべったいくちばしをもち、体は毛におおわれている。じょうぶなあしで水中をおよぎ、穴《あな》をほる。

カモノハシ

オーストラリア東部に分布《ぶんぷ》し、カエルや魚、昆虫《こんちゅう》をつかまえて食べます。オスは、強い毒液《どくえき》をだすけづめを後ろあしにもち、身の危険《きけん》をかんじると、このけづめを相手につきさして、毒液《どくえき》を注入します。この毒《どく》は、イヌ1頭をころせるほど強力です。

ソレノドン

ソレノドンには2種《しゅ》がいて、カリブ海のイスパニョーラ島とキューバにのみ生息し、ともに絶滅《ぜつめつ》が心配されています。大きいえものをとるときは、えものにかみついて、毒《どく》のあるだ液《えき》を下の前歯のみぞをつたって注入し、えものを麻痺《まひ》させてつかまえます。

◀ソレノドンはかかとをつけず、指で走る。

▼ダイヤガラガラヘビの毒液《どくえき》を集めているところ。この毒液《どくえき》から、毒《どく》ヘビにかまれたときの治療薬《ちりょうやく》である血清《けっせい》をつくる。

ダイヤガラガラヘビ

ダイヤガラガラヘビには、トウブダイヤガラガラヘビとセイブダイヤガラガラヘビという2種《しゅ》がいます。北アメリカと中央アメリカにひろく分布《ぶんぷ》します。ガラガラヘビやマムシ、ハブのなかまは、毒《どく》ヘビです。頭部にあるピットという器官《きかん》で、えものの体温をかんじとり、夜でもえものにしのびよって、なかが空洞《くうどう》になっている牙《きば》をつきさし、毒液《どくえき》を注入します。自分の身をまもるために、敵《てき》にかみつくこともあります。

音をだしておどす

ガラガラヘビのなかまは、脱皮《だっぴ》するごとに、尾《お》の先のうろこがつみかさなっていく。尾《お》をふると、そのひとつひとつがぶつかりあって、音がでる。危険《きけん》がせまると、尾《お》をはげしくふり、この警戒《けいかい》音《おん》をだして敵《てき》をおどかす。

小さいからってなめんなよ!

トラやクマ、シャチがどうもうな性質《せいしつ》なのは、よく知られています。ところが、体が小さくても、えものをおそってつかまえる、気のあらい動物もたくさんいます。

▲ブラリナトガリネズミは、北アメリカに分布《ぶんぷ》する。とくしゅな毒液《どくえき》がだ液《えき》にふくまれていて、この毒液《どくえき》で大きなえものを麻痺《まひ》させる。

ブラリナトガリネズミ

体は小さくても、たいへん気があらい動物です。毎日、自分の体重の3倍ものえさを食べなければならないため、起きているあいだじゅう、昆虫《こんちゅう》やクモ、ミミズ、カタツムリをつかまえて食べます。

▶オコジョはネズミ、ハタネズミ、ウサギ、カエル、鳥をえさとし、卵《たまご》も食べる。

オコジョ

アジア、ヨーロッパ、北アメリカにひろく分布《ぶんぷ》しています。体が細長いので、岩のすきまなどをたくみにくぐって、えものをおいかける狩《か》りの名人です。鳥の巣《す》にはいりこみ、鳥や卵《たまご》をとったり、自分の体格よりはるかに大きいノウサギなどもつかまえます。

迷彩服《めいさいふく》を着る……?

雪がよくふる地方にすんでいるオコジョは、冬になると、尾《お》の先だけが黒くのこり、ほかはまっ白になる。夏毛は、背面《はいめん》がうつくしいくり色で、腹部《ふくぶ》は白色をしている。まわりの景色と同じ色になって身をかくす、季節ごとの迷彩服《めいさいふく》だ。

タスマニアデビル

小さなクマのような顔をした、とてもどうもうな動物です。強力なあごでえものの骨《ほね》をかみくだき、毛皮や肉をひきさいて食べます。死肉（動物の死がい）や甲虫《こうちゅう》の幼虫《ようちゅう》も食べ、人間が飼《か》っているニワトリなどをおそうこともあります。

▼タスマニアデビルは、夜中にかん高い鳴き声をあげることから、「デビル（悪魔《あくま》）」という名前がついた。

ぬるぬるした
池の生きものたち

ぬるぬるした生きものは、池のなかにもたくさんいます。いろいろな形や大きさのものが、岩かげにかくれたり、水中をおよいだり、水草のあいだを動きまわっています。

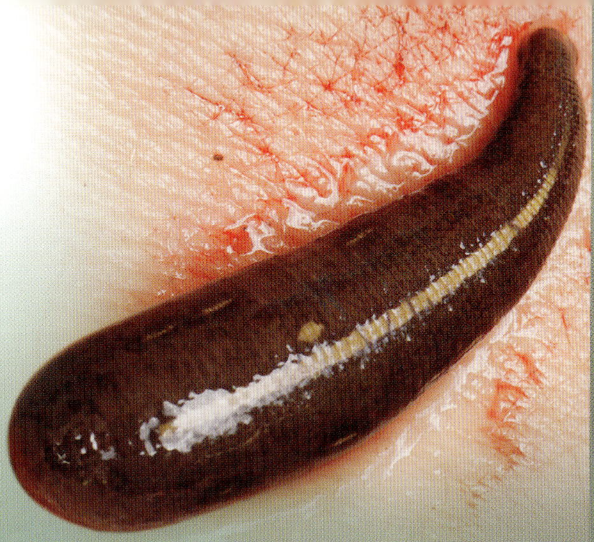

▲チスイビルは、3つのあごを前後に動かしながら、えものの血液《けつえき》をすう。

チスイビル

むかしの医師《いし》は、病人の体からわるい血液《けつえき》をぬくことで、症状《しょうじょう》を改善《かいぜん》できるとかんがえ、血液《けつえき》をぬくためにヒルを利用《りよう》しました。チスイビルは、吸盤《きゅうばん》と粘液《ねんえき》で人間などのえものにくっつき、血液《けつえき》にだ液《えき》をまぜて、すいやすくしています。血液《けつえき》をたっぷりのむと、もとの大きさの10倍にまでふくれあがります。

ヒルをつかって治療《ちりょう》

エジプトのピラミッドのなかには、ヒルをつかって病気を治療《ちりょう》している壁画《へきが》が描かれている。日本では、山間部にある店などで、マムシにかまれたとき、ヒルにその毒《どく》をすいだしてもらうためにヒルが売られていたことがある。

イモリ

イモリのなかまは、北アメリカやヨーロッパ、アジア各地にひろく分布《ぶんぷ》します。陸上《りくじょう》でも生活しますが、うまれるのは淡水《たんすい》のなかです。メスは、池や流れのゆるやかな川で、卵《たまご》をひとつずつ水草にうみつけます。卵《たまご》を葉でつつんで、まもることもあります。卵《たまご》からは、羽毛のようなえらをもつ幼生《ようせい》がふ化します。えらはしだいに小さくなり、幼生《ようせい》にはあしがはえてきます。こうなるとイモリの子どもは、陸《りく》にあがれるようになります。

▲イトミミズは、頭を泥《どろ》のなかにつっこんで、尾《お》を水中で波うつように動かしている。

▼サメハダイモリの粘液《ねんえき》には毒《どく》があるので、食べた敵《てき》はたいてい死ぬが、ガーターヘビにだけはこの毒《どく》がきかない。

イトミミズ

池の底《そこ》に集団《しゅうだん》ですんでいます。たいへんきたない水でも生きられ、泥《どろ》のなかにあるごく小さなえさを食べます。

はさみをもつ虫たち

腹部《ふくぶ》の先にはさみをもつ虫たちを紹介《しょうかい》します。はさみにはさまれてもへいきなものもいますが、はさまれると、いたいものもいます。

ハサミムシ

ハサミムシのなかまは、およそ1800種《しゅ》いて、どの家の庭にも、すくなくとも1ぴきはいるはずです。大部分のものは夜行性《やこうせい》で、昼間は石の下や暗いすきまにかくれ、夜になると、ほかの昆虫《こんちゅう》や植物、じゅくした果実《かじつ》を食べます。はさみをつかって、えものをつかまえたり、交尾《こうび》ちゅうの相手をしっかりとおさえるものもいます。

ヘビトンボの幼虫《ようちゅう》

流れのはやい川の石の下に身をかくし、えものがとおりかかると、とびつきます。水中で2～3年すごしたあと、陸《りく》にあがり、しめった土にもぐります。2週間後に成虫《せいちゅう》となってでてきてからは、2週間ほどしか生きられません。

◀ヘビトンボの幼虫《ようちゅう》は、釣《つ》りのえさによくつかわれる。指でつまみあげると、口のはさみではさまれることがあり、とてもいたい。

ハサミムシの母性愛《ぼせいあい》

ハサミムシのメスは卵《たまご》をうむと、その場にとどまり、卵《たまご》のせわをする。カビがはえないように、ひとつひとつなめたり、ならべかえたりする。また、寒いときは、卵《たまご》をつみかさね、暑いときは、卵《たまご》をちらして風とおしをよくしたりする。

▲ハサミムシの多くの種《しゅ》は、こわそうなはさみをもつが、実際《じっさい》には、このはさみはやわらかく、人間をきずつけることはない。このはさみは、ひらいたりとじたりできる。

ハサミコムシ

ハサミコムシのなかまは、小さくて白っぽいハサミムシのような姿《すがた》をし、腹部《ふくぶ》の先にはさみがあります。やわらかい土にもぐって、はさみだけを地上にだし、えものをまちぶせます。トビムシや昆虫《こんちゅう》の幼虫《ようちゅう》などの小さなえものがとおりかかると、すばやくつかまえ、穴《あな》にひきずりこんで食べます。くさった植物だけを食べる種《しゅ》もいます。

▶ハサミコムシは目がみえない。光をかんじる器官《きかん》をつかって、動きまわる。

吸血鬼《きゅうけつき》のような 魚たち

吸血鬼《きゅうけつき》は、ハロウィーンのお祭りやおばけ屋敷《やしき》でおなじみですが、じつは魚の世界にも、吸血鬼《きゅうけつき》のように生物の血をすうものや、おそろしい歯をもつものがいます。

▼カンディルの子どもは、ほとんどすけてみえるので、アマゾン川でおよいでいても、なかなかみつけられない。

カンディル

アマゾン川にすんでいる、小型《こがた》の淡水魚《たんすいぎょ》です。ほかの魚のえらからだされる水の流れをかぎつけて、流れをたどり、魚のえらのなかにはいりこみます。頭にあるとげをえものの魚につきさして、体を固定《こてい》し、魚の血をすいます。

▼えものの小魚をおいかけるホウライエソ。夜になると、かなりあさいところまであがってきて、発光器《はっこうき》でえものをおびきよせ、つかまえる。夜が明ける前に、深海にもどる。

ホウライエソ

ホウライエソのなかまは、深海でもっともどうもうな肉食魚です。牙《きば》のようなするどい歯はとても長く、口をとじても、はみだして、目の近くまでとどきます。すばやくえものに近づいて、この歯でがぶりとかみつきます。

オニキンメ

じつにおそろしい顔をした深海魚で、牙《きば》のようなするどい歯が、大きな口からつきでています。姿《すがた》がみにくいことから、英語《えいご》では「オーガーフィッシュ（おに魚）」ともよばれます。

▶オニキンメは大きな牙《きば》があるので、口を完全にとじることができない。

深海魚は個《こ》性《せい》派《は》ぞろい

水深200mよりふかい海にすむ魚をまとめて深海魚とよんでいる。太陽の光がほとんどとどかないまっ暗な世界――高い水圧《すいあつ》や低い水温などきびしい環境《かんきょう》で生きていくために、体がぶよぶよだったり、発《はっ》光器《こうき》をもっていたりと、かわった姿《すがた》や装置《そうち》をもっているものが多い。

現代《げんだい》の ドラゴンたち

爬虫類《はちゅうるい》のなかまには、伝説《でんせつ》のドラゴン（竜《りゅう》）のような姿《すがた》のものや、名前にドラゴンとつくものがいます。体じゅう、うろこ状《じょう》の皮ふにおおわれて、長い爪《つめ》をもちます。なかには、背中《せなか》にとげがならんでいるものもいます。

▲インドシナウォータードラゴンは、多くのトカゲと同じく、頭頂眼《とうちょうがん》とよばれる頭部の小さなふくらみで、光をかんじとる。

コモドドラゴン

体長3mにもなる、世界最大《せかいさいだい》のトカゲで、インドネシアの小スンダ列島《れっとう》の一部の島（コモド島など）に生息《せいそく》しています。コモドオオトカゲともよばれます。ほかの爬虫類《はちゅうるい》や鳥、サル、ヤギ、シカ、ウマ、水牛をつかまえて食べます。

インドシナウォータードラゴン

東南アジアの熱帯雨林《ねったいうりん》に分布《ぶんぷ》し、昆虫《こんちゅう》や小魚、げっ歯《し》類、植物をえさとします。水上にはりだした木の枝《えだ》にいることが多く、びっくりすると、水にとびこみ、およいでにげます。30分間も水中にもぐっていられます。

◀コモドドラゴンは、長くするどい爪《つめ》でえものをとらえ、がんじょうな歯で肉をくいちぎる。だ液《えき》には毒《どく》がふくまれていて、えものをはやくころすのに役だつ。

グリーンイグアナ

つばさのないドラゴンのような姿《すがた》をしています。体長は最大《さいだい》で2mにもなり、背中《せなか》には、とがったうろこが、たてがみのようにならんでいます。こわそうな顔をしていますが、じつは草食で、植物しか食べません。中央アメリカや南アメリカに分布《ぶんぷ》します。

食用になる爬虫類《はちゅうるい》

グリーンイグアナの肉は「バンブーチキン」とよばれ、一部の地域《ちいき》で食用にされている。このほか、世界じゅうではいろいろな爬虫類《はちゅうるい》が食用にされ、とくに熱帯地方《ねったいちほう》では、カメやワニ、トカゲ類は、貴重《きちょう》なたんぱく源《げん》になっている。

▲グリーンイグアナは、長い指と爪《つめ》をつかって木にのぼり、枝《えだ》にしがみつく。

みて! みて!
ユニークファッション

世界には、べつべつの鳥のあしと体を合体させたような姿《すがた》の鳥や、おかしな形のくちばしをもつ鳥、かわった習性《しゅうせい》をもつ鳥など、へんてこりんな鳥たちがいます。

▶ヘラサギのくちばしの内側には、振動《しんどう》をかんじとる器官《きかん》が多くあり、にごった水のなかでも、えさをとることができる。

◀ヘビクイワシは、ワシのような体に、シギのような細長いあしをもつ。

ヘビクイワシ

アフリカに分布《ぶんぷ》し、その図柄《ずがら》は、スーダン共和国《きょうわこく》や南アフリカ共和国《きょうわこく》の紋章《もんしょう》につかわれています。この鳥には、草むらをあしでふみつぶす、かわった習性《しゅうせい》があります。草むらにかくれる小さなトカゲや哺乳《ほにゅう》類《るい》、小鳥がおどろいてとびだしてきたところをふみつけて、気絶《きぜつ》させておしつぶし、鉤状《かぎじょう》のくちばしでひきさいて食べます。

ジャノメドリ

中央アメリカと南アメリカに分布《ぶんぷ》します。親鳥は、巣《す》をまもるために“つばさが折れた”ふりをします。巣《す》に敵《てき》が近づくと、片方のつばさをひきずって、折れているようにみせかけます。敵《てき》は、きずついている鳥のほうがつかまえやすそうだと思い、親鳥をおいかけます。

▶ジャノメドリは身の危険《きけん》をかんじると、左右のつばさを高くあげ、ふたつの大きな目玉模様《もよう》を敵《てき》にみせる。この“目玉”のおかげで、ジャノメドリの体全体が、大きなおそろしい動物の頭のようにみえる。

お母さ〜ん、おなかがすいたよ!

ヘラサギのひなは、親鳥がえさをとりにいったまま、長いことかえってこないせいで、餓死《がし》することがある。

ヘラサギ

ヘラサギのなかまは、あさい水のなかを歩きながら、ひろげたくちばしを水中にさしこみ、左右にふります。小魚や昆虫《こんちゅう》、甲殻類《こうかくるい》がくちばしの内側にふれると、くちばしをすばやくとじて、つかまえます。

水中忍者《にんじゃ》たちの“変身《へんしん》の術《じゅつ》”

魚のなかには、変装《へんそう》のうまいものがいます。まわりにうまくとけこみ、ほとんどみわけがつかないものや、でこぼこの石や海藻《かいそう》のようにみえるものを紹介《しょうかい》します。

▲マツブッシープレコはミミズのようなひげで、えものをおびきよせる。

マツブッシープレコ

ナマズのなかまで、南アメリカの川にすみます。鼻先や口のまわりに、剛毛《ごうもう》のひげがあり、これでえさをさがします。このひげのようすから、メドゥサという別名《べつめい》があります。メドゥサは、髪《かみ》の毛がヘビである、ギリシャ神話の女の怪物《かいぶつ》で、自分の姿《すがた》をみた人間を石にかえてしまいました。

▼ニライカサゴの体は、海藻《かいそう》がはえているようにみえる。まわりにあわせて、体の色をわずかにかえられる。

ニライカサゴ

変装《へんそう》の名人で、岩や死んだサンゴのかたまりのような姿《すがた》をしています。背《せ》びれに毒《どく》のあるとげをもち、このとげをたてて、身をまもります。

イエローカラーでプロポーズ

リーフィーシードラゴンのオスは、繁殖《はんしょく》の準備《じゅんび》がととのうと、尾《お》があざやかな黄色にかわる。こうして、近くにいるメスに自分の存在《そんざい》をアピールする。

リーフィーシードラゴン

タツノオトシゴに近いなかまで、オーストラリア周辺《しゅうへん》のあたたかい海にすんでいます。タツノオトシゴと同じように、メスはオスの育児嚢《いくじのう》に卵《たまご》をうみつけます。オスは卵《たまご》がふ化するまでそのまま育児嚢《いくじのう》で保護《ほご》し、卵《たまご》を敵《てき》からまもります。

▶リーフィーシードラゴンは、葉っぱのようにひらひらした姿《すがた》で、水中にただよう海藻《かいそう》やコンブの森にうまく身をかくす。

したたかに生きる
動物たち

動物のなかには、あの手この手のしたたかなやり方で、えものをつかまえるものや、敵《てき》からにげるものがいます。あし音をたてずにえものにしのびよったり、たくみなわなをしかけたり、じょうずに変装《へんそう》したりします。

▲チスイコウモリは地面を歩いて、ウシやブタなどのえものにこっそりと近づく。

チスイコウモリ

チスイコウモリのなかまは、おもに南アメリカに分《ぶん》布《ぷ》します。ナミチスイコウモリは、歩いてえものにしのびより、体の上にとびのります。えものにかみついたとき、かんだ傷口《きずぐち》からだ液《えき》がはいり、皮ふの感覚《かんかく》を麻痺《まひ》させるので、相手はかまれたことに気づきません。

メガネザル

東南アジアの島々にすんでいます。目が大きく、視力《しりょく》にすぐれ、もっぱら夜にえものをとります。昆《こん》虫《ちゅう》や鳥、ヘビなどにとびかかり、指でえものをつかみます。

◀メガネザルの長い指の先端《せんたん》は、大きな円盤状《えんばんじょう》になっていて、木の枝《えだ》やえものをしっかりとつかめる。

アライグマ

とても油断《ゆだん》のならない動物です。きような前あしで掛《か》け金《がね》をはずして、ドアをあけ、人間の家や車、キャンプ場からよく食べものをぬすみます。目のまわりが黒い顔は、まるで仮面《かめん》をつけた泥棒《どろぼう》のようです。

野生化したアライグマ

アライグマは、北アメリカに分布《ぶんぷ》する動物だが、日本でもペットとして飼《か》われていたものがにげだして野生化している。農作物をあらすなどの被害《ひがい》がでて、問題になっているが、これは飼《か》い主がにがしたことが原因で、無責任《むせきにん》な飼《か》いかたがいちばんの問題だ。

▲アライグマはえさをさがして、よくごみ箱をひっかきまわす。

鳥たちの くちばしじまん

鳥のなかには、ペリカンのように、大きな口で大きなえものをつかまえるものがいます。また口をつかって、敵《てき》を威嚇《いかく》するものもいます。大きな口をいきなりあけて、敵《てき》をおどろかせるのです。

▲オーストラリアガマグチヨタカは、身の危険《きけん》をかんじると、口を大きくあけて、黄色いのどをみせ、敵《てき》をおいはらおうとする。

オーストラリアガマグチヨタカ

オーストラリアに分布《ぶんぷ》します。昼間は木の枝《えだ》にじっととまっているので、なかなかみつけられません。夜になると、昆虫《こんちゅう》を土からほりだしたり、とびながら昆虫《こんちゅう》をつかまえます。えものは、たたきころすか、まるごとのみこんでしまいます。

オオハシ

オオハシのなかまは、南アメリカの熱帯雨林《ねったいうりん》にすんでいます。あざやかな色あいの大きなくちばしで、果実《かじつ》をつまんで食べます。細すぎてとまれない小《こ》枝《えだ》の先についた果実《かじつ》でも、長いくちばしをつかって、つまみとることができます。繁殖期《はんしょくき》になると、オスとメスはたがいに果実《かじつ》を投げあって、相手の気をひきます。

◀オオハシの大きなくちばしは、敵《てき》をひるませるのに役だつだろうが、たたかう武器《ぶき》になるほどじょうぶではない。

ペリカン

ペリカンのなかまは、世界じゅうの海岸や岸辺《きしべ》でよくみられる水鳥です。くちばしの下に、大きなふくろがついています。魚やカエル、カニやエビなどの甲殻類《こうかくるい》をえさとし、ときには小さな鳥も食べます。

▼ペリカンはのどぶくろをひろげて、えものを水からすくいあげ、水をきってから、のみこむ。

大きなポッケ！

ペリカン類のくちばしにあるふくろは、とても大きくて、のびたりちぢんだりする。大型《おおがた》のペリカン類（モモイロペリカンやハイイロペリカンなど）のふくろのなかには、水が14ℓもはいるといわれている。

こんなことできるんだ!

爬虫類《はちゅうるい》や両生類《りょうせいるい》には、ふしぎな習性《しゅうせい》をもつものがいます。トカゲのなかまのバシリスクは、なんと水面を走ることができます。

▲コヤスガエルのなかまは、雨がはげしくふっているときに鳴く習性《しゅうせい》があることから、英語《えいご》では「レインフロッグ（アメガエル）」とよばれている。

コヤスガエル

コヤスガエルのなかまは、体が小さく、中央アメリカや南アメリカの熱帯雨林《ねったいうりん》やカリブ海の島々に分布《ぶんぷ》します。葉のくぼみや森の地面のしめった場所に卵《たまご》をうみます。オタマジャクシではなく、小さなカエルが卵《たまご》からふ化します。

バシリスク

バシリスクの子どもは、敵《てき》におそわれると、水面上を10～20mも走ってにげます。中央アメリカや南アメリカの熱帯雨林《ねったいうりん》の川や湖の近くでくらし、昆《こん》虫《ちゅう》、魚、ヘビ、鳥などの小動物や花をえさとします。

死をもたらす怪物《かいぶつ》!?

バシリスクは、ひとにらみしただけで人をころすという伝説上《でんせつじょう》の怪物《かいぶつ》にちなんで名づけられた。

▶バシリスクは、指のあいだにある水かきのおかげで、水面を走ることができる。陸上《りくじょう》では、水かきをたたんでいる。

ジャクソンカメレオン

もともとアフリカ東部の動物ですが、アメリカ合衆国《がっしゅうこく》のハワイ州に移入《いにゅう》されています。子どもは、卵《たまご》からふ化するのではなく、小さなカメレオンの姿《すがた》で、母親からうまれてきます。

▼ジャクソンカメレオンは、左右べつべつの方向を同時にみることができる。オスは、頭部に3本の長い角をもつ。

虫たちの
リサイクル運動

動物のふんや死体、かれ木をじょうずに利用しながらくらす虫たちを紹介《しょうかい》します。

フンコロガシ

コガネムシのなかまで、砂漠《さばく》や森林、草原など、さまざまな場所にすんでいます。ウサギやゾウ、家畜《かちく》など草食動物のふんをえさとし、ふんのしるをしぼりだしてすいます。古代のエジプト人は、フンコロガシが大きなふん球をころがす姿《すがた》をみて、この虫が地球をまわしつづけていると信じていました。そこで神の化身《けしん》として崇拝《すうはい》し、神殿《しんでん》にフンコロガシの巨《きょ》大《だい》な像《ぞう》を彫《ほ》りました。

▼フンコロガシのなかには、後ろあしをつかって、自分の体よりも大きなだんご状《じょう》にふんをまるめ、幼虫《ようちゅう》のえさにするものがいる。

シデムシ

シデムシのなかまは、鳥やネズミなどの動物の死がいを土のなかの穴《あな》にうめます。死がいから羽毛や毛をとりのぞいて、穴《あな》のなかにつめこみ、メスが穴《あな》のまわりの土に産《さん》卵《らん》します。ふ化した幼虫《ようちゅう》は、死がいのところに歩いていき、えさを食べます。

▲シデムシは、触角《しょっかく》をつかって、遠くはなれた場所にあるネズミや鳥などの死がいをさがしだす。上の写真は、おおきなナメクジをみつけたところ。

自然界《しぜんかい》のそうじ係

シデムシは、ネズミや鳥などの死体をきれいに食べてくれるそうじ係だ。小動物の死体を食べるほか、死体やふんにわいたウジを食べるもの、生きた虫を食べるものなどがいる。死体を分解《ぶんかい》し、土を豊《ゆた》かにする役目をしている。

クワガタムシ

クワガタムシの幼虫《ようちゅう》は、森林や果樹園《かじゅえん》の木の切り株《かぶ》や倒《とう》木《ぼく》でみられ、くち木を食べながら、1～2年かけて成長《せいちょう》します。クワガタムシのなかまは完全変態《かんぜんへんたい》し、幼虫《ようちゅう》から、さなぎをへて、成虫《せいちゅう》になります。夏のあいだ、成虫《せいちゅう》はやや不器用《ぶきよう》にとびながら、交尾《こうび》する相手をさがします。

▶クワガタムシのオスは、兜《かぶと》の飾《かざ》りの「鍬形《くわがた》」に似た大あごをもつ。交尾《こうび》する場所をめぐり、このあごでライバルのオスとたたかう。

陸上《りくじょう》のぬるぬる生物たち

ぬるぬるした生きものは、土のなかや植物の葉にもひそんでいます。粘液《ねんえき》で地面をはいやすくするもののほかにも、自分のふんで体をおおって敵《てき》の目をごまかすものや、毒《どく》のある粘液《ねんえき》を分《ぶん》泌《ぴつ》して敵《てき》をおいはらうものがいます。

扁形《へんけい》動物って、どんな動物?

生物をなかまわけしたときのひとつのグループの名称《めいしょう》で、比較的《ひかくてき》単純《たんじゅん》な体のつくりをしている。口と肛門《こうもん》が同じで、ひとつの出入り口から食べものをとりこみ、はいせつする。内臓《ないぞう》とよべるものはない。

▼ユリクビナガハムシの幼虫《ようちゅう》は、自分のふんにくるまれたまま、ユリの葉を先端《せんたん》から食べはじめ、葉のつけ根までたいらげる。

ユリクビナガハムシの幼虫《ようちゅう》

ユリクビナガハムシの幼虫《ようちゅう》は、とてもぬるぬるしています。卵《たまご》からふ化すると、ぬるぬるした自分のふんで体をおおって、鳥のふんのようにみせかけ、敵《てき》から身をまもります。ユリの葉などを食いあらし、大きな被害《ひがい》をあたえる害虫《がいちゅう》です。

▲コスタリカの雲霧林《うんむりん》にいる、はでなみかけの扁形《へんけい》動物のコウガイビル。

扁形《へんけい》動物

扁形《へんけい》動物のなかまは、地面の上や海のなか、川や池のなかなど、しめったところならあらゆる場所でみられます。体長わずか数mmのものから27mもある巨大《きょだい》なものまで、じつにさまざまな種類《しゅるい》がいて、なかには吸虫《きゅうちゅう》(→40ページ)のような寄生虫《きせいちゅう》もいます。

アシナシイモリ

ハダカヘビともよばれ、熱帯《ねったい》地方《ちほう》に分布《ぶんぷ》します。巨大《きょだい》なミミズのような両生《りょうせい》類《るい》で、地中にトンネルをほってくらし、針《はり》のような歯でシロアリやミミズ、甲虫《こうちゅう》の幼虫《ようちゅう》などをつかまえて食べます。えものはかまずにまるのみします。

◀アシナシイモリは、皮ふから毒《どく》のある粘液《ねんえき》を分泌《ぶんぴつ》し、敵《てき》から身をまもる。

まちぶせ大作戦

爬虫類《はちゅうるい》や両生類《りょうせいるい》には、えさのようにみえるものをつかって、えものをおびきよせるものや、かくれてしずかにまち、えものがとおりかかると、おそいかかるものがいます。

▲デスアダーは、体がふとく、尾《お》がみじかい。おとなの大きさになるまでに2～3年かかる。

カミツキガメ

北アメリカ、中央アメリカ、南アメリカ北西部に分布《ぶんぷ》します。底《そこ》がやわらかな土や泥《どろ》の流れのゆるやかな川や池にすんでいます。水底《みずぞこ》をあるきまわりながら、昆虫《こんちゅう》やザリガニ、魚などをつかまえます。頭やあしを甲《こう》のなかにひっこめることができません。

デスアダー

デスアダーのなかまは、オーストラリアとニューギニアに分布《ぶんぷ》します。つもった落ち葉や砂《すな》のなかにもぐって、頭と尾《お》だけを地上にだし、尾《お》の先をミミズのようにくねらせて、えものをおびきよせます。鳥や哺乳類《ほにゅうるい》がこの“ミミズ”をつかまえようと近づいてきたら、すばやくおそいかかり、毒牙《どくが》でしとめます。

◀あしをふんばり、口をあけて攻撃《こうげき》のかまえをとるカミツキガメ。人間の指をくいちぎるほど、かむ力が強いので、とても危険《きけん》だ。

アマゾンツノガエル

南アメリカ北部に分布《ぶんぷ》します。土にもぐって、えものをまちぶせ、ネズミや小さなトカゲ、ほかのカエルが近づいてくると、とびだして大きな口でとらえます。

食いしんぼう!

アマゾンツノガエルは、目の前で動くものは、自分の口より大きなえものでもつかまえる。えものがあまりに大きくて、のどをつまらせ死んでしまうこともあるくらいだ。オタマジャクシも、ふ化して、まわりにえものがいないときは、共食《ともぐ》いをする。

▼アマゾンツノガエルは、カムフラージュがうまく、まわりにたくみにとけこむ。皮ふの模様《もよう》が落ち葉のようにみえるので、森の地面にいてもみわけがつきにくい。

こっそり、家のなかに……

わたしたちの家のなかにも、いろんな虫がすんでいます。壁《かべ》のわれめからはいでてきたり、家具の下からちょろちょろと走りでてきたら、人間のほうがおどろいて、とびあがってしまいます。

▲パンや小麦粉《こむぎこ》は、乾燥《かんそう》したすずしい場所で保管《ほかん》しないと、コナダニがわくことがある。

コナダニ

ごく小さな生物で、えさとなる小麦粉《こむぎこ》や穀物《こくもつ》、種《しゅ》子《し》のなかにすみつきます。メスは、一生のあいだに500～800個《こ》の卵《たまご》をうみます。コナダニがわいた小麦粉《こむぎこ》は、あまったるく、むかつくようなにおいがします。小麦粉《こむぎこ》のなかにコナダニがいるかどうかを調べるには、たいらな面に小麦粉《こむぎこ》をすこしふりかけ、虫めがねでのぞいてみます。小麦《こむぎ》粉《こ》がでこぼこになり、小さな虫がでてくるかもしれません。

セイヨウシミ

3億年以上前から地球上に存在《そんざい》します。のりや本の背《せ》の部分、じゅうたんなどの織物にふくまれているでんぷんや糖分《とうぶん》を食べ、人間の頭から落ちたふけさえもえさにします。1年間なにも食べなくても、生きていけます。

◀セイヨウシミは、浴室《よくしつ》や床下《ゆかした》など、あたたかくしめった場所をこのむ。とてもすばしこく走る。

ゴキブリ

ゴキブリのなかまは、世界じゅうに分布《ぶんぷ》し、森林でくらすものもいれば、家の台所や洗濯室《せんたくしつ》などのあたたかく、しめった場所にすみついているものもいます。集団《しゅうだん》でくらし、昼間は暗い場所にかくれ、夜になるとはいだしてきます。人間の食べ残《のこ》しやごみをあさる種《しゅ》もいます。ゴキブリのうち25～30種《しゅ》が害虫《がいちゅう》で、赤痢《せきり》や腸《ちょう》チフスなど、深刻《しんこく》な病気の病原菌《びょうげんきん》をはこぶおそれがあるとされます。

▶世界には、7500種《しゅ》ものゴキブリがいるといわれる。なかには、1か月間なにも食べなくても、45分間空気がない状態《じょうたい》でも、生きていられるものもいる。

4億年前から栄えた……！

ゴキブリのなかまが地球上にあらわれたのは、およそ4億年も前のことだ。以来、恐竜《きょうりゅう》をはじめとするいろいろな生きものがあらわれ、栄え、やがて滅《ほろ》んでいったなかで、ゴキブリは、その姿《すがた》やくらしをほとんどかえずに生きつづけてきた、数少ない生きもののひとつだ。

ぬめぬめした両生類《りょうせいるい》のなかまたち

両生類《りょうせいるい》は、地上でも水中でもくらしていけます。皮ふ呼吸《こきゅう》ができますが、そのためには皮ふがぬるぬるとしめっていなければなりません。

▲ホライモリは、皮ふが人間の肌《はだ》の色ににていることから、「類人魚《るいじんぎょ》」ともよばれる。

ヌメサンショウウオ

アメリカ合衆国《がっしゅうこく》の森林地帯《しんりんちたい》にすんでいます。肺《はい》をもたず、皮ふと口の内皮から酸素《さんそ》を吸収《きゅうしゅう》します。ぬめぬめした粘液《ねんえき》を皮ふから分泌《ぶんぴつ》することから、この名があります。ヌメサンショウウオを手でさわると、のりのようにねばねばした粘液《ねんえき》が手につきます。

ホライモリ

ヨーロッパのかぎられた地域《ちいき》（スロベニアと、クロアチア～ボスニア・ヘルツェゴビナのディナル山系）にだけ生息する希少《きしょう》な生物です。洞窟《どうくつ》の地下水のなかにすんでいます。目はみえず、聴覚《ちょうかく》と嗅覚《きゅうかく》がすぐれています。小さなカニや昆虫《こんちゅう》などをつかまえて食べます。

▼ヌメサンショウウオは、ぬめぬめした粘液《ねんえき》で自分をまずい味にして、敵《てき》に食べられないようにする。

ハイイロモリガエル

おもにアフリカの南東部と中南部に分布《ぶんぷ》し、亜熱帯《あねったい》や熱帯地方《ねったいちほう》の森林や草原、低木地帯《ていぼくちたい》、沼地《ぬまち》、さらには人家の庭にもすんでいます。体内で水を節約《せつやく》する、さまざまな能力《のうりょく》をもつので、ひじょうに乾燥《かんそう》した地域《ちいき》でも生きていけます。分泌《ぶんぴつ》した粘液《ねんえき》で、水を通さないまくもつくります。

▼ハイイロモリガエルのオスとメスは、水たまりの上にはりだした枝《えだ》の上に泡《あわ》の卵塊《らんかい》をつくる。オタマジャクシは泡《あわ》のなかでふ化し、1週間ほどたつと、下の水たまりへおちていく。

ハイイロモリガエルの日焼《ひや》け対策《たいさく》?

体色をほとんど白から黒まで、すばやく変化《へんか》させることができる。暑いときは、体の色を白っぽく変化《へんか》させて、日光を反射《はんしゃ》し、体温があがるのをふせぐ。また木の上では、幹《みき》につくコケ類《るい》に似た色になる。

くちばしを じょうずにつかって…

えものをたたいたり、つついたり、木の枝《えだ》や岩にぶつけたりと、かわった方法でえさをとる鳥たちを紹介《しょうかい》します。ほかの鳥の血をなめる鳥もいます。

▶ワライカワセミは、人間の高笑《わら》いに似た、大きな鳴き声をだす。

ワライカワセミ

ワライカワセミのなかまは、オーストラリアやニュージーランド、ニューギニアに分布《ぶんぷ》します。主食は昆《こん》虫《ちゅう》やミミズ、甲殻類《こうかくるい》ですが、ときには小さなヘビや哺乳類《ほにゅうるい》、カエル、鳥なども食べます。木の上から大きなえものにとびかかり、木の枝《えだ》や地面にたたきつけます。

進化の島、ガラパゴス

イギリスの生物学者ダーウィンは、1835年、ガラパゴス諸島《しょとう》を訪れ、さまざまな生物を観察《かんさつ》した。なかでも、フィンチ類《るい》がこの島で、食べものにあわせて、異《こと》なるくちばしになっていることを発見した。これが、後に「進化論《しんかろん》」をかんがえだすきっかけになったといわれている。

ハシボソガラパゴスフィンチ

ガラパゴス諸島《しょとう》のウォルフ島にすんでいます。「吸《きゅう》血《けつ》フィンチ」として知られ、ほかの鳥のあしやつばさをつついて、でてきた血をなめます。また、ほかの鳥がうんだばかりの卵《たまご》をころがし、岩にぶつけてわって、中身を食べたりします。

◀ガラパゴス諸島《しょとう》に生息するフィンチ類《るい》は、ダーウィンが研究したことから、ダーウィンフィンチとよばれている。

ヨーロッパハチクイ

冬のあいだはアフリカやインド北西部、スリランカなど、あたたかい地方でくらし、夏になるとヨーロッパにとんでいく渡《わた》り鳥《どり》です。主食はミツバチやスズメバチで、木の枝《えだ》にハチをたたきつけ、針《はり》をとりのぞいてから食べます。1日に250ひきものミツバチをたいらげます。

◀ヨーロッパハチクイは、ときには長さが1.5mにもなる穴《あな》を川の土手やがけにほり、巣《す》をつくる。

接近《せっきん》注意!

魚や水生生物には、毒《どく》をもつものが多くいます。でも、そのほとんどは、えものをおそうためではなく、自分の身をまもるためだけに毒《どく》をつかいます。

▲ヒョウモンダコは、ゴルフボールほどの大きさだが、世界でもっとも危《き》険《けん》な猛毒《もうどく》をもつ動物のひとつだ。

ハチミシマ

ハチミシマのなかまは、えらや第1背《せ》びれに毒《どく》のあるとげをもちます。昼間は、海底《かいてい》の砂《すな》のなかにもぐり、目だけを外にだしています。えもののエビや小魚がとおりかかると、すばやく食いつきます。

ヒョウモンダコ

軟体《なんたい》動物で、オーストラリアから日本にかけての太平洋沿岸《たいへいようえんがん》の潮《しお》だまりにすんでいます。体をうまくカムフラージュして、まわりの岩にとけこみ、カニやエビをつかまえます。敵《てき》におそわれると、体の色が青い輪《わ》のある、あざやかな黄色にかわり、敵《てき》にかみつきます。1ぴきのヒョウモンダコは、人間のおとな26人をころせるほどの強力な毒《どく》をもっています。この毒《どく》は、だ液腺《えきせん》にいる細菌《さいきん》によってつくられます。

◀ハチミシマは、身をまもるために毒《どく》をつかう。人間にふまれると、そのあしにとげをつきさし、毒《どく》をだす。ハチミシマにさされると、とてもいたい。いたさは、スズメバチよりもひどい。

ミミトゲオニカサゴ

日本の南からインド洋・太平洋沿岸《たいへいようえんがん》の岩礁《がんしょう》やサンゴ礁《しょう》にすんでいます。背《せ》びれに毒《どく》のあるとげがあります。

▼一見はでな色をしているが、まわりの環境《かんきょう》がカラフルなのでかえってめだたない。よく探《さが》さないとみつからないので注意《ちゅうい》が必要《ひつよう》だ。

とげの毒《どく》で完全武装《かんぜんぶそう》！

毒《どく》のとげをもつ魚類《ぎょるい》は、海底《かいてい》にじっとしていたり、ゆうぜんとおよいでいることが多い。これは、毒針《どくばり》をもっているので、敵《てき》におそわれることがほとんどないためとかんがえられている。

動物たちの舌《した》じまん

ねばねばする舌《した》、信じられないくらい長い舌《した》、フォークのように先がわれている舌《した》など、かわった舌《した》をもつ動物たちがいます。そうした舌《した》は、地中から昆虫《こんちゅう》をほりだしたり、木の葉や枝《えだ》をむしるのに役だちます。

▲ハリモグラは口先を地面につっこんで、えさをとるので、地面には円すい形のあとがつく。

ハリモグラ

オーストラリア、タスマニア、ニューギニアに分布《ぶんぷ》します。口先は細長くとがり、先端《せんたん》に小さな鼻穴《びけつ》と口があります。ねばねばした長い舌《した》で、アリやシロアリをなめとって食べます。

オカピ

体が茶色で、おしりとあしにしま模様《もよう》があります。キリンのなかまで、おくびょうな性質《せいしつ》です。アフリカのコンゴの密林《みつりん》でくらし、1901年に発見されたばかりです。黒く長い舌《した》で、木の葉や枝《えだ》をむしりとって食べます。

◀オカピの舌《した》は、長さが35cmもある。人間の手のようにびんかんで、自由に動かせる。

マレーグマ

東南アジアの森林にすんでいます。高い木の枝《えだ》にこのんで巣《す》をつくり、日中はねむったり、ひなたぼっこをしてすごします。夜になるとえさをさがし、長くするどい鉤爪《かぎづめ》で、昆虫《こんちゅう》をほりだします。長い舌《した》をくち木の穴《あな》につっこんで昆虫《こんちゅう》をとらえたり、ハチミツをなめとったりもします。首の皮がたるんでいるので、首の後ろをつかまれても、体をくねらせてむきなおり、相手にかみつくことができます。

▶マレーグマの舌《した》はすべすべで、長さが25cmもある。

舌《した》の便利《べんり》なつかい道

動物界には、あっとおどろくような舌《した》のつかい手たちがいる。アリクイは、40cmもある長い舌《した》で好物《こうぶつ》のシロアリをなめとる。それもなんと、いちどに数百ぴき！ また、ウシやウマは、まるでわたしたちが手で顔をあらうように、長い舌《した》をつかって顔をなめてきれいにする。

変装《へんそう》名人は だれかな?

多くの生きものが、じょうずにカムフラージュして、身をかくします。敵《てき》につかまらないようにかくれるものもいれば、えものをまちぶせするためにかくれるものもいます。

▲モクズショイは、体じゅうに海藻《かいそう》などをつけてカムフラージュし、敵《てき》にみつかりにくくする。

モクズショイ

カニのなかまのモクズショイは、体じゅうにはえている鉤状《かぎじょう》の毛に海藻《かいそう》や海綿《かいめん》のかけらをくっつけ、うまくカムフラージュします。ときには、背中《せなか》にイソギンチャクをのせることもあります。イソギンチャクにさされるといたいので、小さなタコなどの敵《てき》がおそってこなくなります。

▼ハナカマキリは、カマキリの1種《しゅ》だ。あしの一部がひろがり、花びらのようにみえる。

ハナカマキリ

ハナカマキリのなかまは、自分がくらす花によく似た色をしています。このカムフラージュにより、敵《てき》にみつかりにくくなり、えものもつかまえやすくなります。花の上でじっとまちぶせ、ハエやミツバチ、チョウ、ガなどのえものが近づいてくると、前あしですばやくつかまえます。

▶ユウレイヒレアシナナフシは、危険《きけん》をかんじると、かれ葉《は》がそよ風にゆれるように、ゆっくりと体をゆする。

忍法《にんぽう》枝《えだ》がくれの術《じゅつ》

日本にすむナナフシも変装《へんそう》の名手だ。体をまっすぐのばして、葉っぱや枝《えだ》にとまっていると、木の枝《えだ》そっくり！ 昼間は、とまったままで、あまり動かないので、みつけるのがむずかしい。

ユウレイヒレアシナナフシ

ニューギニアとオーストラリア北部に分布《ぶんぷ》します。メスは、一生のあいだに数千個《こ》の卵《たまご》をうみます。卵《たまご》がふ化するのに、2年もかかることがあります。ふ化したばかりの幼《よう》虫《ちゅう》は、若虫《わかむし》とよばれ、アリのような姿《すがた》をしています。

におうぞ！ におうぞ！

世界には、鼻がまがるほど、くさいにおいをだす鳥がいます。におう部分は、鳥の体や卵《たまご》、ふんとさまざまですが、ほんとうにひどいにおいがします。

▲オオフルマカモメは、小石でつくった巣《す》にいやなにおいの油《あぶら》をはきかけ、敵《てき》を近づけないようにする。

オオフルマカモメ

オオフルマカモメとキタオオフルマカモメがうむ卵《たまご》は、くさいにおいがします。これは、敵《てき》を近づけないためだとかんがえられています。博物館《はくぶつかん》に保存《ほぞん》されている卵《たまご》の殻《から》は、100年たっても、まだにおいが残《のこ》っているそうです。オオフルマカモメは、体からも麝香《じゃこう》のような強烈《きょうれつ》なにおいをだします。オキアミやイカ、アザラシやペンギンの死がいをおもに食べます。

季節によって群《む》れをつくる

ホシムクドリやスズメは、春から夏の繁殖《はんしょく》期は、つがいでくらし、ひなを育てるが、ひなが巣《す》立《だ》った夏の終わりごろから群《む》れをつくる。河原《かわら》や林など決まった場所にねぐらをもち、ねぐらにかえる群《む》れは、数千、数万羽にもなる。

ヤツガシラ

ヨーロッパやアジア、アフリカにひろく分布《ぶんぷ》します。木の穴《あな》や壁《かべ》のすきまに巣《す》をつくり、そのなかにたくさんのふんをため、くさいにおいで敵《てき》を遠ざけます。巣《す》に侵《しん》入《にゅう》してきた敵《てき》には、ふんをひっかけます。

▶ヤツガシラは、昆虫《こんちゅう》やミミズを食べる。頭には、あざやかな色あいをした、かんむり状《じょう》の羽毛（冠羽《かんう》）があり、興奮《こうふん》するとこの冠《かん》羽《う》をたてる。

ホシムクドリ

イギリス全土でよくみられ、およそ50万組のつがいがいます。春になると、家の壁《かべ》や屋根裏《やねうら》に巣《す》をつくります。鳴き声がとてもうるさく、たくさんのふんをするので、家の住人をこまらせることもあります。ふんは、くさいだけでなく、病原菌《びょうげんきん》をふくんでいるおそれもあります。

◀冬になると、数千羽のホシムクドリがヨーロッパ東部からイギリスに渡《わた》ってきて、春までとどまる。

爬虫類《はちゅうるい》の舌《した》じまん

爬虫類《はちゅうるい》のなかまには、おどろくほど長くてねばつく舌《した》をもつものや、ふたまたにわかれた舌《した》をもつもの、はでな色の舌《した》をつきだし、敵《てき》をおいはらうものがいます。

舌《した》はにおいのレーダー

ヘビが、チョロチョロと舌《した》をだしいれするのは、空気中にただよう、におい物質《ぶっしつ》を舌《した》にくっつけて、口のなかにおくりこむ動作だ。口には、においをかんじる器官《きかん》があり、なんのにおいかかぎつけ、かくれているえものもみつけてしまう。

▼木の枝《えだ》にいる昆虫《こんちゅう》めがけ、目にもとまらぬはやさで舌《した》をのばすパーソンカメレオン。自分の体長の1.5倍も遠くにいるえものでも、舌《した》でつかまえる。

カメレオン

バッタやコオロギ、カマキリなどのえものをみつけると、ねばつく長い舌《した》をすばやくのばし、舌《した》の先にえものをくっつけてとらえ、口のなかにはこびます。トカゲや小哺乳類《しょうほにゅうるい》を食べる大型《おおがた》のカメレオンもいます。

ダイヤガラガラヘビ

ダイヤガラガラヘビには2種《しゅ》がいて（→75ページ）、どちらも北アメリカでもっとも危険《きけん》な毒《どく》ヘビです。攻撃的《こうげきてき》な性《せい》質《しつ》で、敵《てき》にであうと、尾《お》の先をふるわせてガラガラと音をだし、敵《てき》に警告《けいこく》を発します。ダイヤガラガラヘビのするどい毒牙《どくが》は、長さが2.5cm以上になることもあります。

▲ダイヤガラガラヘビは、ふたまたにわかれた長い舌《した》で、空気中のえもののにおいを“味わう”ことができる。

アオジタトカゲ

アオジタトカゲのなかまは、オーストラリアやニューギニアなどに分布《ぶんぷ》します。昼間は、カタツムリやナメクジ、昆虫《こんちゅう》、クモ、果実《かじつ》、花、死肉をさがして食べ、夜になると、つもった落ち葉や倒木《とうぼく》の下でねむります。歯はするどくないものの、かむ力は強力です。

▶アオジタトカゲは危険《きけん》をかんじると、青い舌《した》をつきだして、敵《てき》をおいはらう。

ふしぎ生物 みぃ～つけた

さわると、超《ちょう》ぬめぬめの「コンゴウアナゴ」、ミミズのようなトカゲ「ミミズトカゲ」、めっちゃかわいい「アホロートル」を紹介《しょうかい》します。

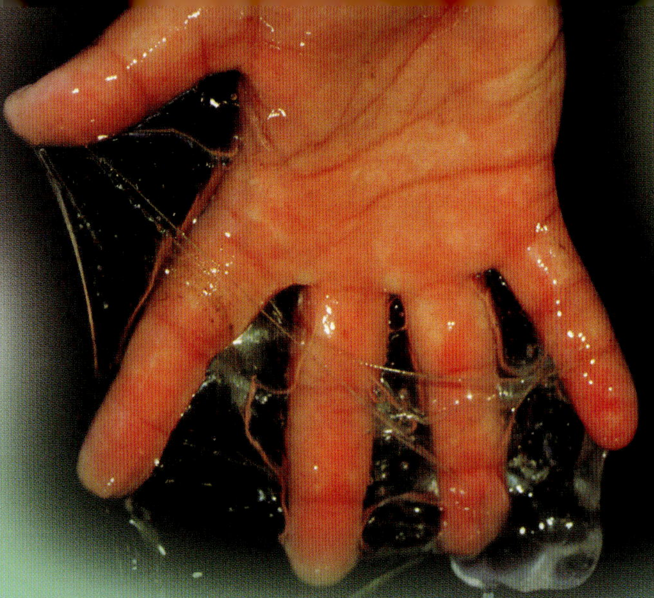

▲コンゴウアナゴを手でつかんで水からだすと、粘液《ねんえき》でぬめぬめしているのがよくわかる。

コンゴウアナゴ

北太平洋中部の深海にすんでいます。ヌタウナギ（→120ページ）によくにた姿《すがた》で、われめのような口とまるい頭をしています。オヒョウなど大型《おおがた》の魚に吸着《きゅうちゃく》し、その魚の体に穴《あな》をあけて、肉を食べます。

ミミズトカゲ

ミミズトカゲのなかまは、150種《しゅ》以上いて、土のなかでくらしています。頭から尾《お》まで、ほぼ同じ太さで、なんとなくミミズに似ていますが、体がうろこでおおわれている、れっきとした爬虫類《はちゅうるい》です。ほとんどの種《しゅ》ではあしが退化《たいか》しています。がんじょうな頭で土をおしひろげ、トンネルをほりすすみます。

▼アホロテトカゲは、ミミズトカゲのなかまだ。ミミズトカゲ類《るい》にしてはめずらしく、穴《あな》ほりに適《てき》したがんじょうな前あしをもっている。その前あしには、5本の指と爪《つめ》がある。

アホロートル

顔のまわりのひらひらしたものは、えらです。ほかのサンショウウオは、おとなになると、えらがなくなりますが、アホロートルはのこったままです。メキシコの首都メキシコシティ近くにある、いくつかの湖にだけすんでいます。生息地が破壊《はかい》されつつあり、いまでは絶滅危惧種《ぜつめつきぐしゅ》となっています。

えらがきえる……？

アホロートルは、生息地域《ちいき》の水がひあがると、えらがきえ、陸生《りくせい》のサンショウウオに姿《すがた》をかえる。

▲アホロートルは、目がよくみえない。嗅覚《きゅうかく》と、えものの動きをかんじとるとくしゅな器官《きかん》で、えものをみつける。

ぬるぬるした魚たち

魚は、皮ふから粘液《ねんえき》を分泌《ぶんぴつ》します。粘液《ねんえき》で体をつつむことで、寄生虫《きせいちゅう》や病気から体をまもり、動きやすくします。体をまずくすることもでき、敵《てき》につかまりにくくもなります。

▶夜になると、ブダイのなかまのいくつかは、体のまわりに粘液《ねんえき》のまくをつくり、体をつつみこみ、敵《てき》ににおいをかぎつかれないようにする。

ブダイ

ブダイのなかまは、オウムのような、つきでたくちをもち、英語《えいご》では「パロットフィッシュ（オウム魚）」とよばれます。このくちで、サンゴ礁《しょう》の海藻《かいそう》をけずりとって食べます。ブダイのなかには、夜になると、ねばねばした粘液《ねんえき》のまくで体をつつみこんで、ねむるものがいます。

▼ヌタウナギのなかまは、自分の粘液《ねんえき》をとりのぞくため、体に結《むす》び目をつくり、結《むす》び目を体の後ろから頭のほうに移動《いどう》させて、粘液《ねんえき》をきれいにぬぐいとる。

ヌタウナギ

ヌタウナギのなかまは、身の危険《きけん》をかんじると、少量《しょうりょう》のどろりとした白い液体《えきたい》をだします。この液体《えきたい》は海水をすってふくらみ、大量《たいりょう》のねばつく粘液《ねんえき》になります。粘液《ねんえき》は、ヌタウナギを食べようとした魚のえらをつまらせ、窒《ちっ》息《そく》させます。

ヒウチダイ

ヒウチダイのなかまは、一般《いっぱん》にラフィー（ざらざらした魚）といわれます。太平洋の東端《とうたん》と西端《せいたん》、大西洋東部、オーストラリアとニュージーランド周辺《しゅうへん》のつめたくて、ふかい海にすんでいます。成長《せいちょう》がおそく、繁殖《はんしょく》できるようになるまでに時間がかかります。ほかの魚よりも長生きで、寿命《じゅみょう》が150年あるものもいます。

名前をかえて、食卓《しょくたく》へ

ヒウチダイのなかまは、食用魚だ。人びとが買って食べてみたくなるように、英語《えいご》の名前が「スライムヘッド（ぬるぬる頭）のなかま」から「オレンジラフィーのなかま」にかえられた。

▼写真のようなヒウチダイのなかまの頭部には、粘液《ねんえき》にみたされたくぼみがつらなっている。

こ～んな顔 どう？

世の中には、ちょっとかわった顔をした動物もいろいろいます。ここでは、体に毛がはえていないもの、顔にこぶがあるもの、たるんだ皮ふと大きな鼻をもつものを紹介《しょうかい》します。どれもおかしな姿《すがた》ですが、自然界《しぜんかい》で生きのこるために、特別《とくべつ》に適応《てきおう》した結果《けっか》なのです。

▲トンネルから顔をだす、動物園のハダカデバネズミ。小さな目は、皮ふのひだにうもれて、ほとんどみえない。

ハダカデバネズミ

アフリカ東部の乾燥《かんそう》ステップやサバンナの地下に長いトンネルをはりめぐらして、くらしています。20～300ぴきもの集団《しゅうだん》でくらし、1ぴきの女王がコロニーを支配《しはい》しています。体に毛がほとんどはえていない（感覚毛《かんかくもう》ははえている）のは、地中で体温があがりすぎるのをふせぐためです。

▼ミナミゾウアザラシのおとなのオスは、繁殖期《はんしょくき》になると、大きな長い鼻をふくらませ、大声でほえる。

ミナミゾウアザラシ

巨大《きょだい》な動物で、体じゅうに脂肪《しぼう》と皮ふのひだがより、しわしわにみえます。このぶあつい脂肪層《しぼうそう》のおかげで、つめたい海にもぐって、えさをさがしているときも、体をあたたかくたもてます。

▼イボイノシシの顔にある4つのかたいこぶは、たたかいでぶつかりあったときの衝撃《しょうげき》をやわらげる。

正座《せいざ》して“いただきます！”

イボイノシシは、えさとなる草の根や木の根、虫などを食べるとき、前あしを折《お》りまげる。じつは、くびが短いので、そうしないと、口が地面にとどかない！

イボイノシシ

アフリカに分布《ぶんぷ》します。オスの顔にいぼのようなかたいこぶが4つあることから、この名がつけられました。オスもメスも、口からつきだした曲がった牙《きば》を武器《ぶき》としてつかいます。牙《きば》（犬歯《けんし》）は、一生のびつづけます。この牙《きば》で地面をほり、えさをさがします。

池のなかのハンターたち

世界じゅうの池や川には、かわった水生《すいせい》昆虫《こんちゅう》が数多くすんでいます。なかには、すごい食性《しょくせい》をもつものもいます。

▶タガメは、北アメリカや南アメリカ、東アジアの池や川にすんでいる。

▼ヤゴは、ちょうつがい状《じょう》の下あごの先に鉤《かぎ》をもつ。下あごをつきだして、この鉤《かぎ》にえものをひっかけ、口もとにひきよせる。

タガメ

水中でくらすカメムシのなかまで、小魚やカエル、イモリをつかまえて食べます。針《はり》のようなするどい口器《こうき》をえものにつきさして、だ液《えき》を注入し、だ液《えき》にふくまれる消《しょう》化酵素《かこうそ》でえものの体をとかし、そのしるをすいあげます。

ヤゴ

トンボの若虫《わかむし》で、水中のどう猛《もう》なハンターです。大きな目で、えものの水生昆《すいせいこん》虫《ちゅう》やオタマジャクシ、小魚をさがします。肛門《こうもん》からいきおいよく水をだすことで、水中をぐんぐんすすみます。

かみつかれないように、気をつけて!

タイコウチなど、大型《おおがた》の水生カメムシのなかまは、おどろくと強くかみつく（口でさす）ことがあるので、英語《えいご》では「トゥーバイター（足指かみ虫）」ともよばれる。

◀タイコウチという名前は、およぐときに前あしをこうごに動かす姿《すがた》が太鼓《たいこ》をたたいているようにみえることからつけられた。

タイコウチ

タガメと同じく、水中でくらすカメムシのなかまで、はばのひろい体をしています。細長い体のミズカマキリも、タイコウチのなかまです。どちらも池のすみにひそみ、オタマジャクシや小魚を前あしでつかまえて食べます。

へんてこりんな
コウモリたち

コウモリの多くは、とてもぶきみな顔をしているため、邪悪《じゃあく》な生きものだという話を人間につくりあげられてしまいました。ところが実際《じっさい》には、たくさんの害虫《がいちゅう》を食べるなど、ずいぶんと人間の役にたっています。

◀カエルクイコウモリをはじめ、数《すう》種《しゅ》のコウモリには、左の写真のように、鼻に角のようにつきでた「鼻葉《びよう》」とよばれる突起《とっき》がある。

カエルクイコウモリ

中央アメリカと南アメリカに分布《ぶんぷ》し、カエルや昆《こん》虫《ちゅう》、ほかのコウモリをつかまえて食べます。カエルの求愛《きゅうあい》の声をきいただけで、食べられる種《しゅ》か、毒《どく》をもつ種《しゅ》かを区別《くべつ》できるといわれています。あごと上くちびるに小さな突起《とっき》がたくさんはえています。

ヒダヘラコウモリ

メキシコ南部からベネズエラにかけて分布《ぶんぷ》します。顔には毛がなく、たくさんのひだにおおわれています。昼間は木にぶらさがってねむり、暗くなるとじゅくしたバナナなどの果実《かじつ》を食べます。

◀ヒダヘラコウモリはねむるとき、顔にある皮ふのひだを、あごからひきあげて、それを頭のてっぺんにひっかけて耳をおおう。

チスイコウモリモドキ

大型《おおがた》のコウモリで、つばさをひろげると1mになるものもいます。メキシコ南部やエクアドル、ペルー、ブラジル、ガイアナ、スリナム、トリニダード島に分布《ぶんぷ》します。夜になると、鳥や小型《こがた》の哺乳類《ほにゅうるい》、爬虫類《はちゅうるい》、カエル、大きな昆虫《こんちゅう》、果実《かじつ》をさがして食べ、ほかのコウモリもつかまえます。毎年1頭の子どもをうみ、両親で子どものせわをします。父親は、母親と子どもをよくつばさで抱《だ》きかかえてねむります。えものが下を通りかかると、木の上から、いきなりえものの上にとびおりてつかまえます。

おしっこをするときは……？

コウモリ類は、寝《ね》るときはもちろん、赤ちゃんにおっぱいをあげるときや、だっこのときも、さかさにぶらさがったままだ。でも、おしっこをするときだけは、頭を上にする。なぜなら、さかさのままおしっこをしたら、自分にかかってしまうから！

▲チスイコウモリモドキには、長い犬歯がある。

旅をする魚たち

魚のなかには、おどろくほど長い距離《きょり》を旅して、ときには3000km（日本の北海道から沖縄《おきなわ》までの距離《きょり》）以上もおよぐものがいます。また、えらをあしがわりにして、陸上《りくじょう》を歩くものもいます。

▲ヨーロッパウナギの子どもは、シラスウナギとよばれる。川をあがってくると、クロコとよばれるようになる。

ヨーロッパウナギ

北大西洋のサルガッソー海でうまれたあと、ヨーロッパや北アフリカの海岸にむかいます。メスは、さらに川をのぼり、淡水《たんすい》で7～15年間くらします。その後、サルガッソー海にもどって産卵《さんらん》し、一生をおえます。

サケ

サケのなかまは、川で卵《たまご》からふ化します。1年たつと海にくだり、そこで数年間くらします。そして産卵期《さんらんき》になると、おどろくほど長い距離《きょり》を旅して、自分がうまれた川へともどってきます。

▼サケのなかまは、太陽と月と星の位置《いち》を手がかりとして、数千kmも海をわたり、ふるさとの川にもどってくると科学者たちはかんがえている。

トビハゼ

トビハゼのなかまは、皮ふ呼吸《こきゅう》ができ、岸辺《きしべ》のぬかるんだ場所を長時間とびはねて移動《いどう》します。水からでても、えらがしめってさえいれば、数日間は生きられます。

▼トビハゼのなかまは水をでると、ひれをあしのようにつかって、体をもちあげる。

乾燥《かんそう》は、お肌《はだ》の大敵《たいてき》!

どのトビハゼのなかまも水の外にいるときには、体の表面がかわくと、えらがくっつき、呼《こ》吸《きゅう》ができなくなってしまう。それをふせぐため、皮ふの表面から、ぬるぬるした液《えき》をだして、体を乾燥《かんそう》からまもるようなしくみをもっている。

おかしな 食いしんぼう

動物の死がいをこのんで食べるものや、えものの骨《ほね》まで胃酸《いさん》で消化してしまうもの、強力なあごでえものをひきさいて食べるものなど、おかしな食いしんぼうたちを紹介《しょうかい》します。

▲クズリは、強力なするどい爪《つめ》で、ウサギなどのえものをしとめる。

クズリ

アメリカ合衆国《がっしゅうこく》のアラスカ州やカナダ北部、シベリア、スカンジナビア半島に分布《ぶんぷ》します。オオカミが食べのこした動物の死がいをよく食べます。自分でえものをつかまえるときは、木や岩の上からとびかかってひきさきます。

センザンコウ

アジアやアフリカの熱帯地方《ねったいちほう》にすんでいます。体じゅう、茶色いうろこでおおわれています。アリやシロアリなどの昆虫《こんちゅう》のにおいをかぎつけ、ねばついた長い舌《した》で、なめとって食べます。歯はありませんが、胃《い》に小石をのみこんで歯のかわりにつかい、食べたものをこまかくします。

▶センザンコウは、尾《お》の下にある腺《せん》からきょうれつなにおいの液体《えきたい》をだし、自分のなわばりをマーキングする。

ハイエナ

イヌのような姿《すがた》をした、力の強い動物で、アフリカとインドに分布《ぶんぷ》します。死肉（動物の死がい）も食べますが、狩《か》りもとくいです。カバの子どもやガゼル、シマウマ、ヌー、アンテロープなどを自分でつかまえます。

◀ブチハイエナは、がんじょうなあごと歯をもち、えもののかたい骨《ほね》もかみくだく。

笑《わら》うハイエナ

ブチハイエナは、英語《えいご》では、「ラッフィング・ハイエナ（笑《わら》うハイエナ）」とよばれている。これは、ブチハイエナが、人間の笑《わら》い声に似た、かわった声で鳴くので、つけられた名前だ。

おどろくような
カエルたち

ヒキガエルなどの大きなカエルは、小さなカエルにくらべ、水辺《みずべ》からはなれたところでもよく動きまわります。皮ふが乾燥《かんそう》し、でこぼこしているものも多くいます。

▲コモリガエルのメスは、背中《せなか》の皮ふに卵《たまご》をうめこみ、もちはこぶ。

アフリカツメガエル

水中にすんでいます。あしの爪《つめ》で池の底《そこ》の泥《どろ》をかきまわし、昆虫《こんちゅう》をさがして食べます。すんでいる池の水がひあがると、泥《どろ》のなかにもぐり、雨がふるのをじっとまちます。

コモリガエル

ピパともよばれ、南アメリカのアマゾン地方にすんでいます。コモリガエルのなかまは、メスが卵《たまご》を背《せ》中《なか》で育てます。メスがうんだ卵《たまご》を、オスがメスの背《せ》中《なか》にくっつけます。すると、卵《たまご》はしだいに背中《せなか》の皮ふにつつみこまれ、そのまま親の背中《せなか》でオタマジャクシになります。12～20週間たつと、子ガエルとなって、背中《せなか》の皮ふからでてきます。オタマジャクシのときに背中《せなか》からでて、およぎだす種《しゅ》もいます。

◀アフリカツメガエルは、びんかんな指で、えものをさがしてつかまえる。泥《どろ》のなかにもぐるときは、後ろあしをつかう。

オオヒキガエル

もともと中央アメリカや南アメリカにすんでいたカエルです。サトウキビ畑をあらす甲虫《こうちゅう》を駆除《くじょ》する目《もく》的《てき》で、1935年にオーストラリアに移入《いにゅう》されましたが、みるみるうちに数をふやし、いまではいろいろな問題がおきています。日本でも石垣島《いしがきじま》などで同じような害《がい》が生じています。カエルを食べる在来種《ざいらいしゅ》の動物やペット、さらには人間までもが、オオヒキガエルがもつ毒《どく》の犠牲《ぎせい》となっています。

世界最大《せかいさいだい》のカエルは?

過去最大《かこさいだい》のオオヒキガエルは、体長が23cmもあった。子イヌとほぼ同じ大きさだ。しかし、世界最大種《せかいさいだいしゅ》のカエルである、西アフリカに生息するゴライアスガエルは、体長34cm、あしをのばすと80cmにもなった個体《こたい》の記録《きろく》が残《のこ》っている。

▼オオヒキガエルは、両肩《りょうかた》にある腺《せん》から毒液《どくえき》を分泌《ぶんぴつ》する。人間がこの毒《どく》を口にすると、心臓麻痺《しんぞうまひ》をおこすおそれがある。

ぬるぬるした害虫《がいちゅう》たち

ぬるぬるした生きもののなかには、人間に害《がい》をあたえるものもいます。ヤスデやアワフキムシは、農作物に深刻《しんこく》な被害《ひがい》をあたえることがあります。ウジは、釣《つ》り人によく利用《りよう》されますが、その親であるハエは、病原菌《びょうげんきん》をはこんでくることがあります。

▲ハエは、ふ化した幼虫《ようちゅう》がえさにこまらないよう、くち木や動物の死体に卵《たまご》をうみつける。

ウジ

ハエの幼虫《ようちゅう》です。ウマバエの幼虫《ようちゅう》のように、動物に寄生《きせい》する種《しゅ》もいて、動物の皮ふの下にすみつき、いたみをひきおこしたり、きずをつけ、死なせてしまうこともあります。あたたかく湿度《しつど》の高い地方では、じつに深刻《しんこく》な問題です。

列車をストップさせたヤスデ

1976年、長野県と山梨県《やまなし》の間を走る小海線《こうみせん》の線路の上にヤスデが大発生して列車が止まる、という事件《じけん》がおきた。ひかれたヤスデの体液《たいえき》で車輪《しゃりん》がスリップして列車が動けなくなってしまったのだ。汽車を止めたことから、このヤスデは、「キシャヤスデ」と名づけられた。

▼下の写真のヤスデの1種《しゅ》は、体がいつもぬるぬるとしめっていなければならない。粘土質《ねんどしつ》の土のなかによくいるのは、ひからびる心配がすくないからだ。

ヤスデ

ヤスデのなかまは、つもった落ち葉や樹皮《じゅひ》、コケのなかにすみ、世界じゅうの庭でよくみられます。堆肥《たいひ》や動物のふんでおおわれた土のなかがだいすきです。たくさんのあし（70本くらいのものが多いが、750本という記録《きろく》もある）で、木によじのぼり、藻類《そうるい》を食べます。ときには、家のなかにもはいってきます。

アワフキムシ

小さな茶色い昆虫《こんちゅう》で、70cmもジャンプして、となりの植物にうつります。体の大きさをかんがえると、これはたいへんな距離《きょり》です。幼虫《ようちゅう》は若虫《わかむし》とよばれ、敵《てき》から身をまもるために、泡《あわ》のかたまりのなかで成長《せいちょう》します。この泡《あわ》は、草むらでよくみられます。若虫《わかむし》は、この泡《あわ》で敵《てき》から身をかくしたり、体の湿度《しつど》をたもち、暑すぎず、寒すぎない、快適《かいてき》な温度ですごします。

◀アワフキムシの幼虫《ようちゅう》は、肛門《こうもん》から分泌《ぶんぴつ》した液体《えきたい》に空気をふきこみ、泡《あわ》をつくる。

誤解《ごかい》されてきた動物たち

世界には、動物にまつわるいろいろな伝説《でんせつ》や迷信《めいしん》があります。満月の夜、オオカミがオオカミ人間に変身するという話もそのひとつです。でも、それらは、ただの作り話にすぎません。動物たちのほんとうの姿《すがた》を知ることがたいせつです。

オオカミ

北の国ぐにでくらしています。タイリクオオカミは走るのがはやく、シカ、ヘラジカ、ウサギ、ビーバーなどのえものをおいかけ、つかまえます。一部の地域《ちいき》では、家畜《かちく》をおそったり、人間のごみをあさることもあります。最大《さいだい》で20頭もの群《む》れでくらします。群《む》れのなかまは、連帯感《れんたいかん》がとても強く、つねに行動をともにして、いっしょに狩《か》りをしたり、子どもを育てたりします。

◀オオカミは、大きなするどい歯で、えものの肉を食いちぎる。

アイアイ

アフリカのマダガスカル島の熱帯雨林《ねったいうりん》にすんでいます。細長く、針金《はりがね》のような中指（第3指）で木の枝《えだ》をたたいて耳をすませ、樹皮《じゅひ》の下で昆虫《こんちゅう》が動く音がすると、長い指でひっぱりだして食べます。この指は、主食であるラミーの種《しゅ》子《し》のなかみをとりだすのにも役だちます。マダガスカルでは、アイアイの長い中指で指さされた人は死ぬと信じられていました。

アイアイ♪

「アイアイ」という名前は、この動物をみた現地《げんち》の人が、あまりのきみわるさにおどろいてあげたさけび声に由来《ゆらい》している。しかし、日本では、「アイアイ」という名から、かわいい動物を連《れん》想《そう》して、明るい曲調の童謡《どうよう》がつくられ、現在《げんざい》もうたわれている。

▶アイアイは熱帯雨林《ねったいうりん》に生息する。夜になると、木の上でえさをさがす。

あの手 この手で生きのこる

爬虫類《はちゅうるい》や両生類《りょうせいるい》のなかには、生きのこるために、時間をかけてあらたな環境《かんきょう》に適応《てきおう》したものがいます。気温が高く、乾燥《かんそう》した地域《ちいき》では、あつい太陽をさけて、もっぱら地下でくらし、雨がふったときにだけ、地上にでてくるものがいます。

トッケイヤモリ

東南アジア、インド北東部、バングラデシュ、ニューギニアに分布《ぶんぷ》し、どんなところでもはりつける、とくしゅな指先をもっています。指先には、無数《むすう》の細い毛がはえ、それぞれの毛先は、さらにこまかく枝《えだ》わかれしています。こうしたたいへんこまかい毛のはたらきで、すべすべしたものの表面でもはりつけます。「トッケイ、トッケイ」と大きな声でくりかえし鳴くことから、この名がつきました。

ミズタメガエル

オーストラリアにすんでいます。雨のふらない時期になると、大量《たいりょう》の水を膀胱《ぼうこう》にためてつかいます。暑くなると、泥《どろ》のなかに穴をほって、もぐります。何年間もそこでねむり、すずしい雨の日がやってくるのをまつこともあります。

◀ミズタメガエルは、大雨がふったあとにだけ姿《すがた》をあらわす。オスはのどをふくらませて、大きな鳴き声をだす。

目をなめてそうじ

ヤモリのなかまのひとみは、たて長で、ヘビ類と同じく、目をあけたり、とじたりすることができない。目の表面にごみなどがつくと、長い舌《した》でなめてそうじをする。

▲トッケイヤモリの皮ふはやわらかく、樹皮《じゅひ》にとけこみやすい色をしている。

サイレン

サイレンのなかまは、アメリカ合衆国《がっしゅうこく》南部のあさい池や水路にすんでいます。気温があがり、池の水がひあがると、泥《どろ》のなかにもぐりこみ、粘液《ねんえき》とふるい皮ふをかためたまゆで、体をつつみこみます。体の大きなおとなは、なにも食べなくても、このまゆのなかで2年近く生きられます。

▶サイレンは、くちばしのような角質《かくしつ》の口をもつ。小さな前あしがあるが、後ろあしはない。

魚たちの魚つり

自分の頭についた糸ににせもののえさをつけて“魚つり”をする魚など、かわった方法でえものをつかまえる魚たちを紹《しょう》介《かい》します。

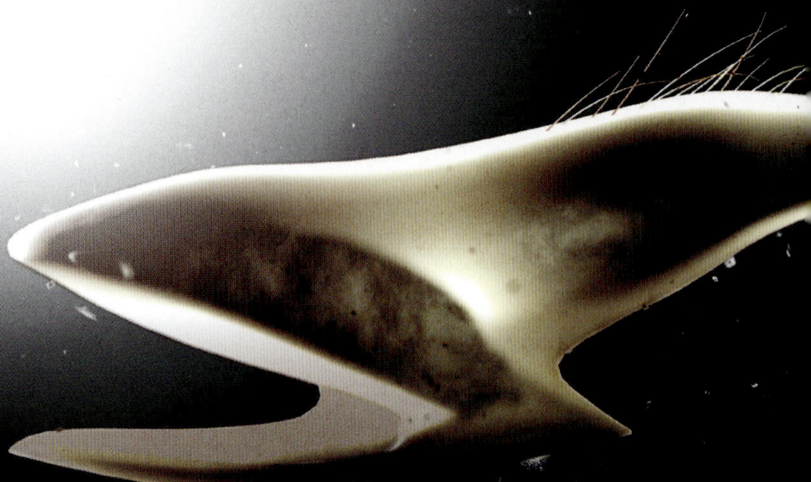

▲フクロウナギは、ふくろ状《じょう》の大きな口をもち、動かしやすいあごの関節《かんせつ》をつかって、大きく口をひらく。

フクロウナギ

口が大きいので、自分よりもはるかに大きな魚をまるのみできます。尾《お》の先に発光器《はっこうき》があり、これでえものをおびきよせていると思われます。

クマドリカエルアンコウ

口の上に長いとげがあり、とげの先には、小魚のようにみえるルアーがついています。これをひらひらと動かして、えものをおびきよせ、ぱくりとのみこみます。カムフラージュがうまく、まわりの海綿動《かいめんどう》物《ぶつ》やサンゴにあわせて、体の色をかえられます。

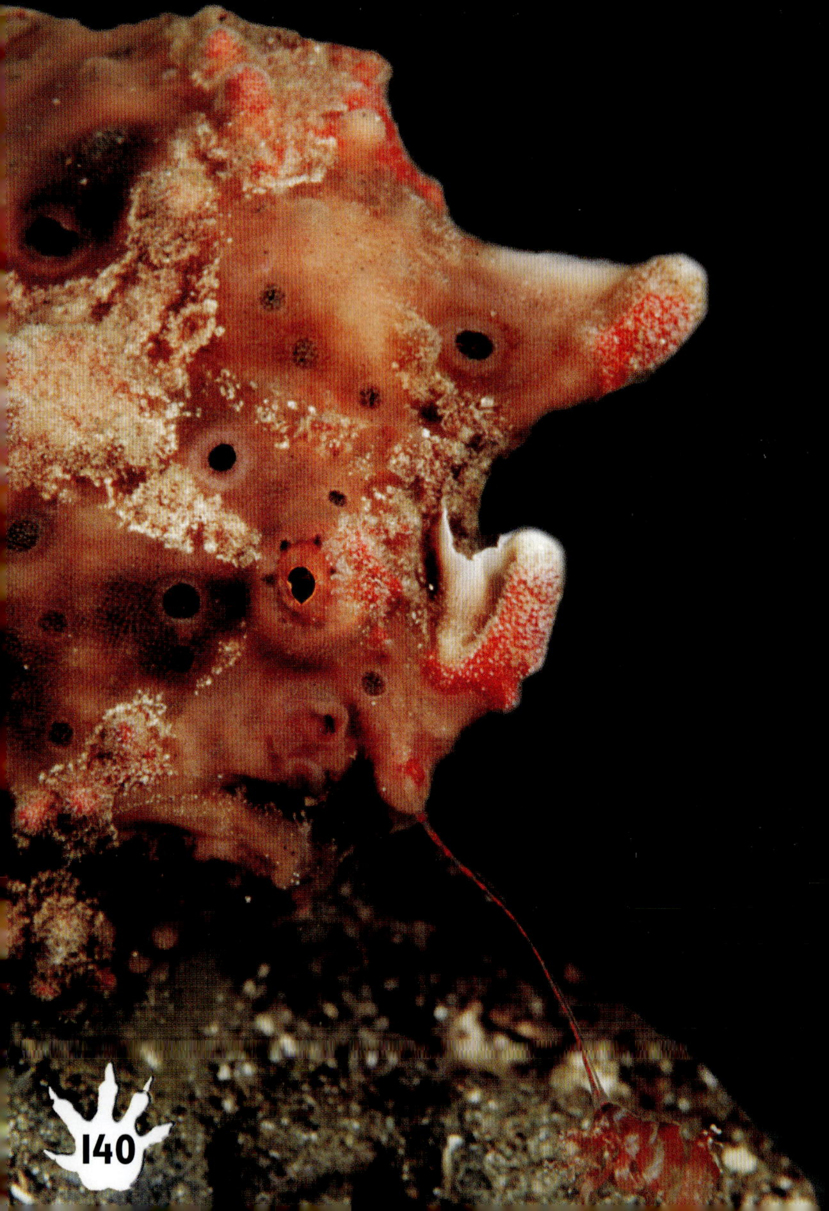

◀クマドリカエルアンコウは、ルアーをひらひらと動かし、えものの魚が近づいてくるのをまつ。

▶ジョルダンヒレナガチョウチンアンコウのルアーのなかには、とくしゅな発光《はっこう》細菌《さいきん》がすんでいる。

アンコウ

アンコウのなかまの大きな口には、たくさんのするどい歯がならんでいます。長いとげが頭の上からつきでていて、その先には、動物に似せたルアーがついています。えものは、これがひらひらと動くのをみて、えさのゴカイとかんちがいします。生きものが“えさ”にふれると、アンコウは反射的《はんしゃてき》にあごをとじます。

大きなえものをつかまえるアンコウのパワー

アンコウのなかまは、自分は動かずにえものがやってくると、大きな口であっというまにパクリ！　大きなえものが入ると、胃《い》の大きさを倍にふくらませることができる。

やっかいものの ノミたち

ノミは、とても小さな生きものですが、いろいろな問題をおこします。かんだ動物や人間にひどいかゆみをあたえるばかりか、病原菌《びょうげんきん》をはこんで、ひろげることもあります。

▲人間の血をすうネズミノミ。

ネズミノミ

ペストをはこび、人間にうつすことがあります。ペストは、中世のヨーロッパで黒死病《こくしびょう》とおそれられた伝《でん》染病《せんびょう》です。現代《げんだい》ではめったにみられませんが、過去《かこ》数百年にわたって、何億人ものいのちをうばってきました。ネズミノミは、まずペスト菌《きん》をもつネズミの血をすい、ペスト菌《きん》に感染《かんせん》します。感染《かんせん》してもノミは病気になることなく、人間の血をすったときにペスト菌《きん》を人間にうつします。

▼ヒトノミは、ブタの血もすう。ブタはネズミよりも大きいので、ヒトノミはネズミノミよりも高くジャンプできる。

ヒトノミ

乾燥《かんそう》した場所がにがてなので、エアコンが普及《ふきゅう》した現代《げんだい》では、めったにみかけませんが、むかしは世界じゅうどこにでもいる虫でした。古代の中国では、象牙《ぞうげ》や竹でつくられたノミとり器《き》をあたためて、ふとんのなかにいれ、ヒトノミをつかまえました。16世紀のイギリスのゆうふくな女性《じょせい》たちは、ノミとり用の毛皮のえりをつけて、ノミをつかまえ、ふるいおとしていました。

ネコノミ

世界じゅうどこにでもいて、もっともふつうにみられるノミです。ほかのノミと同じく、動物の生き血をえさとし、ネコやイヌ、人間に寄生《きせい》して、その血をすいます。ネコノミにかまれると、皮ふがぽつんと赤くはれ、とてもかゆくなります。1時間に1個《こ》ほど卵《たまご》をうみます。卵《たまご》からふ化した幼虫《ようちゅう》は、やがてまゆのなかで成虫《せいちゅう》になります。ネコノミの幼虫《ようちゅう》は、ウジのように細長く、動物からはがれおちた皮ふやノミの成虫《せいちゅう》のふんを食べます。

高いビルもひとっとび……？

ノミは、きょういのジャンプ力の持ち主だ。ヒトノミやネコノミは30cmもとびあがるといわれており、体長の100～150倍もとびあがることになる。とぶ距離《きょり》も100～200倍。もしノミと同じくらいのジャンプ力が人間にあったら、高いビルもひとっとびだ！

▶ノミはカとちがって、オスもメスも血をすう。血をすうのは成虫《せいちゅう》だけで、幼虫《ようちゅう》は動物のはげおちた皮ふやほこりなどを食べる。

鳥たちにも毒《どく》がある

鳥のなかには、めずらしい方法で敵《てき》から身をまもるものがいます。羽毛や皮ふに毒《どく》をもち、敵《てき》を遠ざけているのです。

▶ズグロモリモズは、自分に毒《どく》があることを敵《てき》に警告《けいこく》するために、あざやかな色をしているのだろう。

ズグロモリモズ

うつくしい声で鳴く鳥で、ニューギニアに分布《ぶんぷ》します。羽毛と皮ふに強力な毒《どく》をもち、体にも少量《しょうりょう》の毒《どく》があります。毒《どく》をもつ甲虫《こうちゅう》を食べ、その毒《どく》をつかって敵《てき》や寄《き》生虫《せいちゅう》から身をまもっているのでしょう。

▼ウズラはとても小さな鳥で、おとなでも、体の高さが16〜18cmほどにしかならない。ウズラには、人間をはじめ、多くの敵《てき》がいる。

ウズラ

ヨーロッパやユーラシアのウズラのなかには、毒《どく》をもつものがいますが、その種《しゅ》のすべてが毒《どく》をもっているわけではなく、一年じゅう毒《どく》があるわけでもありません。アルジェリア北部やフランス南部、ギリシャ、トルコ北東部、ロシアには、ウズラを食べて、嘔吐《おうと》や呼吸障害《こきゅうしょうがい》、体のいたみや麻痺《まひ》にくるしんだ人がいるそうです。

ズアオチメドリ

昆虫《こんちゅう》を食べる小さな鳥で、ニューギニアに分布《ぶんぷ》します。ジョウカイモドキのなかまである、毒《どく》をもつ甲虫《こうちゅう》を食べ、その毒《どく》を血液《けつえき》により全身にはこび、皮ふと羽毛にたくわえて、敵《てき》から身をまもります。この羽毛にふくまれる毒《どく》は、ヤドクガエルの毒《どく》と同じです。

◀ズアオチメドリの羽毛はきれいだが、さわると危険《きけん》だ。

有毒《ゆうどく》鳥類《ちょうるい》がすくないのはなぜ?

ヘビやカエル、魚類にくらべて、毒《どく》をもつ鳥類は、ズアオチメドリのほか、ほんの数種《すうしゅ》しかいない。それは、鳥は、空をとぶ能力《のうりょく》をもっているので、毒《どく》をもつ必要《ひつよう》がないからだ、とかんがえる人もいるが、はっきり解明《かいめい》されてはいない。

ぬるぬるチャンピオン

ヌタウナギは、世界一ぬるぬるした生物です。また変形菌《へんけいきん》は、動物と植物の両方の性質《せいしつ》をもつ、じつにふしぎな生物です。

▲変形菌《へんけいきん》には、あざやかな色のものが多く、ススホコリやムラサキホコリなどという名前がついている。

変形菌《へんけいきん》

とてもきみょうな生物です。一生のある時期は、くち木の上で小さなキノコが集まったような姿《すがた》やかたい沈着物《ちんちゃくぶつ》のような姿《すがた》をしています。ところが、増殖《ぞうしょく》するときはアメーバのような姿《すがた》にかわり、ずるずるとはいまわります。

▼マッドパピーは、カナダとアメリカ合衆国《がっしゅうこく》のごくかぎられた地域《ちいき》に分布《ぶんぷ》する。皮ふはしめり、ぬるぬるしている。

マッドパピー

サンショウウオやイモリと同じ両生類《りょうせいるい》のなかまです。両生類《りょうせいるい》はおとなになると、たいていえらがきえますが、マッドパピーはえらが残《のこ》り、一生を水中ですごします。あさい湖や流れのゆるやかな川の岩の下にかくれています。巻《ま》き貝《がい》や虫、ミミズ、小魚、ザリガニを食べます。

ヌタウナギ

敵《てき》に尾《お》をつかまれると、おびただしい量《りょう》の粘液《ねんえき》を皮ふと腺《せん》からだして、にげようとします。粘液《ねんえき》には、長いものでは12cmにもなる、クモの糸のようなじょうぶな繊維《せんい》がふくまれています。この繊維《せんい》は、たがいにからまることがないという、とくしゅな性質《せいしつ》をもっています。これをけが人や手術患者《しゅじゅつかんじゃ》の出血をとめるために利用《りよう》できないか、現在《げんざい》、研究がすすめられています。

ぬるぬる度、ナンバーワン!

ヌタウナギはさし網《あみ》にかかった魚を食いちらしたり、粘《ねん》液《えき》で網《あみ》をよごすので、きらわれている。おとなのヌタウナギは、数分間で、バケツの水をとろとろにしてしまうほどの粘液《ねんえき》をだす。

▼ヌタウナギはおどろいたり、敵《てき》におそわれそうになると、粘液《ねんえき》をだす。敵《てき》に巣《す》の卵《たまご》をうばわれないよう、粘液《ねんえき》でふせいでいるのだろう。

つくってみよう1

ぶきみなコウモリをつくって、天井からぶらさげてみましょう。いやな人が部屋にきても、こわがって、すぐに帰ってしまうはずです!

用意するもの：

うすい紙　または
トレーシングペーパー
黒い画用紙
クリップ
黒いゴミぶくろ
セロハンテープ
新聞紙
木の小枝　２本
接着剤《せっちゃくざい》
白い画用紙
ラメいりのり
黒い糸

❶ 上にあるコウモリの半身の輪かくを、うすい紙かトレーシングペーパーにうつして、切りとる。

❷ 黒い画用紙を半分におる。１のコウモリの型のまっすぐな部分を、画用紙のおった部分にあわせ、クリップでとめる。コウモリの型にそって、画用紙を切る。画用紙をひろげると、１匹のコウモリになる。

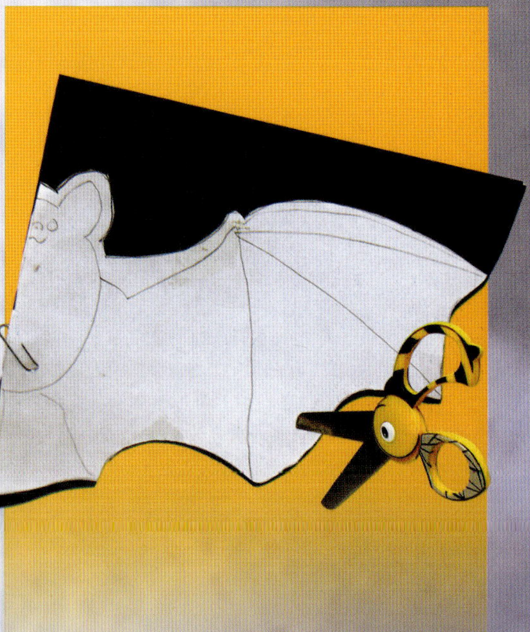

3 黒いゴミぶくろをまるく切りとる。コウモリの体のまんなかに、セロハンテープでゴミぶくろをとめ、新聞紙をつめるすきまをすこしだけ残す。このゴミぶくろにまるめた新聞紙をつめて、セロハンテープですきまをふさぐ。

4 コウモリの骨《ほね》らしく見えるよう、つばさの部分に接着剤《せっちゃくざい》で小枝《こえだ》をはりつける。

5 写真のように黒い画用紙を切って、コウモリの顔をつくり、体にくっつける。白い画用紙で牙《きば》をつくり、顔にはる。ラメいりのりをぬって、目をギラギラにする。

6 背中《せなか》に黒い糸をつけて、天井からぶらさげる。

つくってみよう２

ユニークな虫をつくり、テーブルの上でもぞもぞと動かしてみましょう

用意するもの：

ロウソク	１本	厚紙　または　色紙
輪ゴム	１個	えのぐ
マッチ棒《ぼう》	３本	ラメいりのり
つまようじ	１本	のり
糸まき	１個	

❶ ロウソクのはじを2cm切り、芯《しん》をとりのぞく。つまようじで芯《しん》の穴《あな》をていねいにほじって、ひろげる。ロウソクの片方のはじにつまようじで溝《みぞ》をつくる（❶の作業は、すべておとなの人にやってもらおう）。

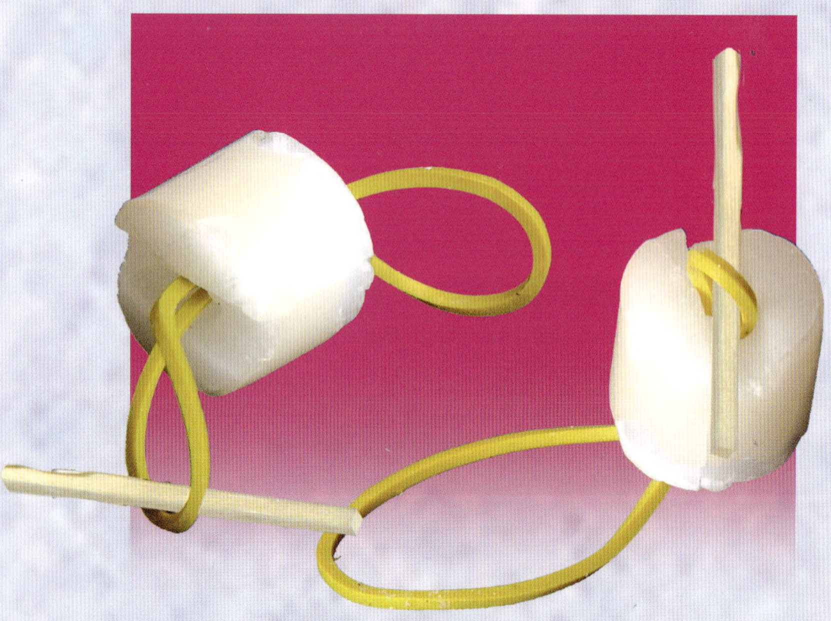

❷ ロウソクの穴《あな》に輪ゴムをとおして、両はじからでるようにする。輪ゴムの片方の輪にマッチ棒《ぼう》をとおし、上の写真のように、きちんと溝《みぞ》にはめる。

❸ 輪ゴムの反対側を糸まきのまんなかの穴《あな》にとおす。半分に切ったマッチ棒《ぼう》を輪ゴムの輪にとおし、輪ゴムがぬけないようにする。別のマッチ棒《ぼう》を糸まきの外側の穴《あな》にさし、半分にきったマッチ棒《ぼう》がくるくるまわらないようにする。

❹ これから、糸まきの虫にかざりをつけよう。

❺ 厚紙か色紙を細長く２枚切る。１枚の紙を糸まきにまき、のりでとめる。もう１枚は、ロウソクのまわりにまきつけ、のりでとめる。ラメいりのりで、紙に模様《もよう》をえがく。厚紙でつばさやあしをつくり、はりつけてもおもしろい。

❻ マッチ棒《ぼう》のハンドル（写真のやじるしの部分）をまわして、輪ゴムをまく。手をはなすと、“虫”がもぞもぞと動く！

つくってみよう 3

おかしな鼻やぶきみな舌《した》、くさい液体《えきたい》をだす腺《せん》をもつ動物など、みんながびっくりするような動物を自分でかんがえ、つくってみましょう。

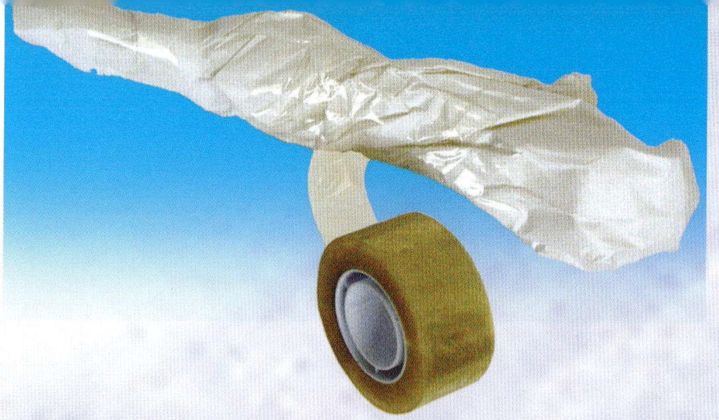

❸ 紙をまるめて、動物の頭と体をおおまかに形づくる。形がくずれないよう、セロハンテープをまきつける。

用意するもの：	プラスチックのナイフ
	大きな箱
紙	絵の具
ペン	葉っぱ
セロハンテープ	ティッシュペーパー
めん棒《ぼう》	厚紙
色つきねんど	ハサミ

❹ めん棒《ぼう》で、色つきねんどをうすくのばす。

❶ つくってみたい動物の特徴《とくちょう》をすべて紙に書く。たとえば、するどい爪《つめ》で砂をほる、長い舌《した》を穴《あな》につっこみ、昆虫《こんちゅう》をさがすなど。

❺ 紙でつくった動物を色つきねんどでくるみ、ねんどのはじをしっかりとくっつける。

❷ その動物を絵にかいて、つくるときの見本にする。

6 別の色つきねんどをのばして、目、舌《した》、うろこなどを切りとり、動物にくっつける。

7 箱を使って、動物の生息地《せいそくち》をつくる。箱に色をぬり、葉っぱやティッシュペーパーでかざりつける。

8 動物の特徴《とくちょう》を厚紙に書いて、箱にはりつける。

名　前：おとなしりゅう
体　長：2m
体　重：10kg
食べ物：おいしい葉っぱやくだものを長い舌《した》でとって食べる
生息地《せいそくち》：木がぽつぽつとはえている草原

さくいん

【ア行】

【カ行】

【サ行】

【タ行】

【ナ行】

【ハ行】

日本語版監修：海野和男（うんの かずお）

1947年東京に生まれる。昆虫を中心とする自然写真家。東京農工大学の日高敏隆研究室で昆虫行動学を学ぶ。アジアやアメリカの熱帯雨林地域で昆虫の擬態を長年撮影。1990年から長野県小諸市にアトリエを構え身近な自然を記録する。著書『昆虫の擬態』(平凡社)は1994年日本写真協会年度賞受賞。このほか著作に『蝶の飛ぶ風景』(平凡社)、『大昆虫記』(データハウス)、『蛾蝶記』（福音館書店)、『昆虫顔面図鑑』（実業之日本社）など多数。

日本語版監修：川田伸一郎（かわだ しんいちろう）

1973年岡山県瀬戸町のクリーニング屋の長男として生まれる。弘前大学理学部・大学院理学研究科を経て、2002年3月に名古屋大学大学院生命農学研究科にて農学博士を取得。専門はモグラ類の分類学と系統学。世界中のモグラを求めて駆け巡る。趣味は哺乳類の標本作製。

日本語版監修：篠原現人（しのはら げんと）

1964年島根県に生まれる。北海道大学大学院水産科学研究科にて水産学博士号を取得。日本学術振興会特別研究員を経て、国立科学博物館動物研究部に入る。専門は魚類の系統分類学で、おもに深海や冷たい海にすんでいる魚を研究している。趣味の釣りでも研究用の魚を集めている。

日本語版監修：西海 功（にしうみ いさお）

1967年兵庫県に生まれる。大阪市立大学大学院理学研究科博士課程を経て国立科学博物館動物研究部研究員となる。理学博士。主な研究分野は鳥類の分子生態学と系統地理学。野外観察とDNA分析によって鳥類のつがい関係や親子関係について調査し、モズに「浮気」が多いことやオオヨシキリの親が娘より息子を「ひいき」することなどを発見した。近年は東アジアの鳥類の形態やDNAを比較することで、日本の鳥類の起源を探究している。

訳：宮田攝子（みやた せつこ）

大の動物・昆虫好き。オンブバッタやイモムシ、ニンゲンのオスたち（夫と息子）となかよくくらす。アフリカまで、ひとりで野生動物に会いにいったこともある。上智大学外国語学部卒。おもな訳書に『子どもに伝えたい16の価値観』(サンマーク出版)、『ペンギンがおしえてくれる幸せのヒント』（二見書房)、『動物の「跡」図鑑』（文溪堂）など。「日経サイエンス」の記事翻訳も手がける。

First published in the UK in 2009 by
QED Publishing, A Quarto Group company
226 City Road, London EC1V 2TT
www.qed-publishing.co.uk

Japanese edition published by BUNKEIDO Co., Ltd., Tokyo 2011

Printed and bound in China

表紙写真提供
フンコロガシ　©Corbis/amanaimages
ペリカン　©AFLO
バシリスク　©Minden Pictures/amanaimages
アホロートル　©Minden Pictures/amanaimages

装丁　村口敬太
編集協力　大塚和子

生きものびっくり生態図鑑

2011年11月　　初版第1刷発行

著者：リン・ハギンズ=クーパー
訳：宮田攝子
編集コンサルタント：サリー・モーガン
日本語版監修：海野和男／川田伸一郎／篠原現人／西海功
発行者：水谷邦照
発行所：株式会社文溪堂
東京都文京区大塚3-16-12
電話03-5976-1515（営業）　03-5976-1511（編集）
ぶんけいホームページ　http://www.bunkei.co.jp

ISBN978-4-89423-734-6 NDC468/156p 303×240mm
落丁本・乱丁本はおとりかえいたします。